酷科学 解读生命密码
KU KEXUE JIEDU SHENGMING MIMA

谈之色变的病毒

王　建◎主编

APUTIME 时代出版传媒股份有限公司
安徽美术出版社
全国百佳图书出版单位

图书在版编目（CIP）数据

谈之色变的病毒/王建主编.—合肥：安徽美术出版社，
2013.3（2021.11重印）（酷科学.解读生命密码）

ISBN 978-7-5398-4273-8

Ⅰ.①谈… Ⅱ.①王… Ⅲ.①病毒-青年读物②病毒-
少年读物 Ⅳ.①Q939.4-49

中国版本图书馆 CIP 数据核字（2013）第 044201 号

酷科学·解读生命密码
谈之色变的病毒

王建 主编

出 版 人：王训海
责任编辑：张婷婷
责任校对：倪雯莹
封面设计：三棵树设计工作组
版式设计：李 超
责任印制：缪振光
出版发行：时代出版传媒股份有限公司
　　　　　安徽美术出版社（http://www.ahmscbs.com）
地　　址：合肥市政务文化新区翡翠路 1118 号出版传媒广场 14 层
邮　　编：230071
销售热线：0551-63533604 0551-63533690
印　　制：河北省三河市人民印务有限公司
开　　本：787mm×1092mm　1/16　印 张：14
版　　次：2013 年 4 月第 1 版　2021 年 11 月第 3 次印刷
书　　号：ISBN 978-7-5398-4273-8
定　　价：42.00 元

前言▶ ⋯⋯⋯⋯
{PREFACE}
谈之色变的病毒

　　病毒是危害人类健康和人类生产活动的一种重要病原微生物，同时作为生命最简单的结构形式，病毒也成为了解生命现象的起源的重要工具。2000 年前后，艾滋病、SARS、禽流感、传染性海绵状脑病等传染病的出现，引起人类对病毒的高度重视。在人类和病毒不断斗争的过程中，越来越多的病毒经过改造后能够造福于人类，动植物病毒的研究一直为生物科学领域的一大热点。

　　生命科学在飞速发展，使我们对病毒的了解日益加深。现在我们已经能够回答一些基本的生物学问题。比如，什么是病毒？病毒是怎样被发现的？不同类型病毒的特点分别是什么？病毒的分子结构是什么样的？病毒是如何侵染我们的肌体，又是如何在肌体内复制和扩散的？同时，随着对病毒研究的深入，我们对肌体是如何对抗病毒，病毒又是如何引起各种疾病也有了一定的了解。本书对以上问题进行了阐述。

C ONTENTS
目录 谈之色变的病毒

病毒在战争中的应用

病毒学家与病毒的故事

病毒的基本概念

　　病毒是由一个核酸分子与蛋白质构成的非细胞形态的营寄生生活的生命体。病毒同所有生物一样，具有遗传、变异、进化的能力。它是一种体积非常小、结构极其简单的生命形式，具有高度的寄生性，完全依赖宿主细胞的能量和代谢系统，获取生命活动所需的物质和能量；离开宿主细胞，它只是一个化学分子，停止活动。病毒是怎样让人患病的，又是怎样感染与传播的，本章将会为读者详细解答。

病毒与病毒学概念的形成

◎ 病毒概念的形成

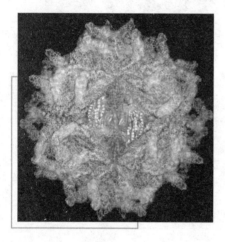

病　毒

早在 19 世纪，伯捷瑞克在描述烟草花叶病的致病因子时，发现其有 3 个特点：①能通过细菌滤器；②仅能在感染的活细胞内增殖；③不能在体外生长。因而他提出这种致病因子不是细菌，而是一种新的致病因子，并称其为"感染性活菌液"，实际上，这就是病毒概念的提出。到了 20 世纪初期，人们对病毒的认识日趋深入，知道了黄热病、脊髓骨质炎等均是由过滤因子引起的疾病，但对病毒本质缺乏认识。

而在 20 世纪 30～50 年代，人们主要集中研究病毒的本质——机体病毒是有生命的还是无生命的。1935 年斯坦利报道烟草花叶病毒性物质是一种结晶体蛋白质，以后在 1937 年鲍登报道这种病毒性物质中含有核酸，这就使人类对病毒概念的认识前进了一大步。菲力兹将病毒定义为"病毒是所有生命形式中最小的一种复制性微生物"。病毒的发现经历了 1 个世纪，病毒学的发展速度十分惊人。20 世纪病毒概念的发展有 3 个方面：①所有病毒都有一个共同的结构，即蛋白质外壳加核酸核心；②病毒有共同的复制机制，即以病毒基因组的复制来保证遗传信息的传递；③所有病毒均以 2 种形式存在，即细胞内和细胞外形式。

知识小链接

黄热病

黄热病俗称"黄杰克""黑呕"，是由黑热病病毒所致的急性传染病，主要媒介在城市是埃及伊蚊，在农村为趋血蚊和非洲伊蚊，传播途径是叮咬。

◎ 病毒学科的形成

病毒学作为一门独立学科的出现是在 20 世纪 50 年代以后，其理由如下：①病毒只有 1 种核酸——RNA 或 DNA。②病毒只能在活细胞内增殖，以复制的方式保证遗传信息的连续传递（病毒缺乏细胞器结构，它的生长增殖必须借助于宿主细胞的酶和能源系统）；病毒对抗生素不敏感；需要特殊的技术与方法来研究病毒，如电镜、细胞培养技术等。③病毒学工作者认为自己是"病毒学家"而不是微生物学家、病理学家。既然有病毒学家，也就有应该有"病毒学"这门学科。④动物、植物、昆虫和细菌学工作者更注重研究病毒的本质、病毒的结构与功能。⑤病毒学有专门的研究机构和专门刊物。

◎ 临床病毒学概念的形成

人们对病毒的认识是从对疾病的认识开始的，没有疾病，就不可能发现病毒。在医学微生物的教科书中，关于病毒的最初描述，也认为它是引起一切传染病的物质，这就提示了病毒与疾病的密切关系。迄今为止的研究表明，人类传染病主要是由疾病引起，如早年发现的黄热病和新近出现的艾滋病就是最好的例证。目前病毒引起的疾病已涉及临床医学的各个学科，且许多不明原因的疾病也与病毒感染有关，如关节炎、糖尿病和神经系统的提醒性改变等。旧的病毒得到了根除与控制，新的病毒又在不断地出现，病毒学在临床医学中占有不可忽视的地位和作用，临床病毒学即在这种背景下应运而生。它既是医学病毒学的重要组成部分，也是病毒学的重要分支。因此，可将临床病毒学的主要研究内容概括为：通过对病毒本质的认识探讨病毒治病的机制，特别是病毒疫苗和抗病毒药物。研究临床病毒学的最终目的是为了控制和消灭病毒病，保障人民身体健康。

◎分子病毒学概念的形成

自分子生物学特别是分子生物技术问世以来，产生了越来越多的交叉学科，这些新生的学科都冠以"分子"二字，如分子遗传学、分子微生物学、分子免疫学、分子药理学等。分子病毒学也应运而生。然而，关于分子病毒学的定义，却难有令人满意的答复。回顾病毒学发展的历史，我们认为分子病毒学具有以下几个明显的特征：

（1）分子病毒学在继承病毒学的一切传统，接受病毒学发展的全部成果，使用病毒学的全部研究方法的同时，也从其他学科引入新的研究方法，使它的面貌和内容全部改观。

（2）分子病毒学使病毒学对病毒本质、结构与功能、病毒与宿主细胞相互作用的规律以及疾病关系的认识在微观方面进入了一个更加深入的层次，它通过病毒分子结构以及分子结构间的相互作用来阐明病毒的结构、功能以及与宿主相互作用的关系。

基本小知识

宿主细胞

一般认为，被病毒侵入的细胞就叫宿主细胞。病毒一般没有成形的细胞核，被蛋白质所包裹在里面的是它的遗传物质。在病毒获得宿主后，利用宿主的蛋白质和其他物质制造自己的身体，然后将遗传物质注入到细胞内部感染细胞，有的使细胞死亡，有的会使细胞变异，也就是所谓的癌变。

（3）分子病毒学是病毒学发展的一个必然阶段。当人们对病毒的认识已经达到一定阶段以后，对于尚未明了的问题，采用分子生物学方法是必然的。当然这并不是说今天的病毒学研究都必须进入分子水平。

（4）分子病毒学是分子生物学的前沿阵地。自 1945 年威廉·奥斯瑞提出分子生物学的概念以来，生物学的发展是利用噬菌体（细菌病毒）的研究才取得了今天令人兴奋的成就，这是因为病毒是最小和最简单的生命体，利用它比动物细胞更容易获得基本的生物学信息。

（5）医学分子病毒学研究的重点是在疾病发生前后，从分子水平探讨病毒的本质与疾病现象产生的可能性，从而寻找控制和消灭病毒的办法。

基于上述内容，可以提出分子病毒学的定义：分子病毒学是从分子水平或亚分子水平研究病毒分子的结构、功能及其与宿主细胞相互作用的规律和疾病关系的一门学科。

◤ 病毒的形态与结构

◎ 病毒的形态

人们在电镜下观察到许多病毒粒体的形态和大小，病毒的形态同其壳体的基本结构有着紧密的联系。病毒的形态主要有以下几种：①球状病毒；②杆状病毒；③砖形病毒；④冠状病毒；⑤有包膜的球状病毒；⑥具有球状头部的病毒；⑦封于包涵体内的昆虫病毒；⑧丝状病毒。

病毒粒的对称体制：病毒粒的对称体制只有 2 种，即螺旋对称（代表：烟草花叶病毒）和

你知道吗

冠状病毒

冠状病毒在系统分类上属冠状病毒科、冠状病毒属。冠状病毒的一个变种是引起非典型肺炎的病原体。冠状病毒最先是 1937 年从鸡身上分离出来的，病毒颗粒的直径 60~200nm，平均直径为 100nm，呈球形或椭圆形，具有多形性。病毒有包膜，包膜上存在棘突，整个病毒像日晕，不同冠状病毒的棘突有明显的差异。在冠状病毒感染细胞内有时可以见到管状的包涵体。

二十面体对称（等轴对称，代表：腺病毒）。一些结构较复杂的病毒，实质上是上述 2 种对称相结合的结果，故称作复合对称（代表：T 偶数噬菌体）。

◎ 病毒的结构

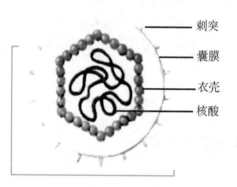

病毒结构示意图

病毒主要由核酸和蛋白质外壳组成。由于病毒是一类非细胞生物体，故单个病毒个体不能称作"单细胞"，这样就产生了病毒粒或病毒体病毒粒，有时也称病毒颗粒或病毒粒子，专指成熟的、结构完整的和有感染性的单个病毒。核酸位于它的中心，称为核心或基因组；蛋白质包围在核心周围，形成了衣壳。衣壳是病毒粒的主要支架结构和抗原成分，有保护核酸等作用。衣壳是由许多在电镜下可辨别的形态学亚单位——衣壳粒所构成。核心和衣壳合称核心壳。有些较复杂的病毒（一般为动物病毒，如流感病毒），其核心壳外还被一层含蛋白质或糖蛋白的类脂双层膜覆盖着，这层膜称为包膜。包膜中的类脂来自于宿主细胞膜。有的包膜上还长有刺突等附属物。包膜的有无及其性质与该病毒的宿主专一性和侵入等功能有关。昆虫病毒中有一类多角体病毒，其核壳被蛋白晶体所包被，形成多角形包涵体。

病毒的复制过程叫作复制周期。其大致可分为连续的 5 个阶段：吸附、侵入、增殖、成熟（装配）、裂解（释放）。

🔘 病毒是怎样让人患病的

◎ 病毒感染对宿主细胞的直接作用

根据不同病毒与宿主细胞相互作用的结果，可将病毒感染对宿主细胞的作用分为：溶细胞型感染、稳定状态感染、包涵体形成、细胞凋亡和整合感染 5 种类型。

宿主细胞

溶细胞型感染

溶细胞型感染多见于无包膜病毒。如脊髓灰质炎病毒、腺病毒等。其机制主要有：阻断细胞大分子物质合成，病毒蛋白的毒性作用，影响细胞溶酶体和细胞器的改变等。溶细胞型感染是病毒感染中较严重的类型。靶器官（目标器官）的细胞破坏死亡到一定程度，机体就会出现严重的病理生理变化，如果侵犯重要器官则危及生命或留下严重的后遗症。

稳定状态感染

稳定状态感染多见于有包膜的病毒，如正黏病毒、副黏病毒等。这些非杀细胞性病毒在细胞内增殖，它们复制成熟的子代病毒以出芽方式从被感染的宿主细胞中逐个释放出来，因而细胞不会溶解死亡，造成稳定状态感染的病毒常在增殖过程中引起宿主细胞膜组分（混合物中的各个成分）的改变，如在细胞膜表面出现病毒特异性抗原、自身抗原或细胞膜的融合等。

包涵体形成

某些病毒感染后，在细胞内可形成光学显微镜下可见的包涵体。包涵体是病毒在增殖的过程中，使宿主细胞内形成一种蛋白质的病变结构，它与病毒的增殖、存在有关；不同病毒的包涵体其特征可有不同，故可作为病毒感染的辅助诊断依据。

细胞凋亡

细胞凋亡是指为维持内环境稳定，由基因控制的细胞自主的有序的死亡。病毒的感染可导致宿主细胞发生凋亡。

整合感染

某些 DNA 病毒和反转录病毒在感染中可将基因整合于细胞染色体中，随细胞分裂而传给子代，与病毒的致肿瘤性有关。多见于肿瘤病毒。

此外，已证实有些病毒感染细胞后（如人类免疫缺陷病毒等）或直接由感染病毒本身，或由病毒编码蛋白间接地作为诱导因子可引发细胞死亡。

◎ 病毒感染的免疫病理作用

在病毒感染中，免疫病理导致的组织损伤很常见。诱发免疫病理反应的抗原，除病毒外，还有因病毒感染而出现的自身抗原。此外，有些病毒可直接侵犯免疫细胞，破坏其免疫功能。

抗体介导的免疫病理作用

许多病毒可诱发细胞表面出现新抗原，与相应抗体结合后，激活补体，破坏宿主细胞，属Ⅱ型超敏反应。抗体介导损伤的另一机制是抗原抗体复合物所引起的，即Ⅲ型超敏反应。

细胞介导的免疫病理作用

细胞毒性 T 细胞能特异性杀伤带有病毒抗原的靶细胞，造成组织细胞损伤。属Ⅳ型超敏反应。

免疫抑制作用

某些病毒感染可抑制宿主细胞的免疫功能，易合并感染而死亡，如艾滋病。

拓展阅读

超敏反应

超敏反应是指机体接受特定抗原持续刺激或同一抗原再次刺激所致的功能紊乱或组织损伤等病理性免疫反应。可分为Ⅰ型超敏反应又称过敏性变态反应，Ⅱ型超敏反应又称细胞溶解型变态反应，Ⅲ型超敏反应又称免疫复合物型变态反应和Ⅳ型超敏反应又称迟发性变态反应。

▶ 病毒的感染与传播

◎ 病毒的感染类型

病毒感染根据临床症状的有无，可分为显性感染和隐性感染；按病毒在机体内滞留的时间，分急性感染和持续性感染，持续性感染又分为慢性感染、潜伏感染和慢发病毒感染。隐性感染指病毒进入机体后，不引起临床症状。隐性感染的机体，仍有向外界散播病毒的可能，在流行学（研究疾病在人群中发生、发展和分布规律的科学）上具有十分重要意义。隐性感染后，机体可获得特异性免疫力。

慢性感染

感染后，病毒并未完全清除，可持续存在于血液或组织中并不断排出体

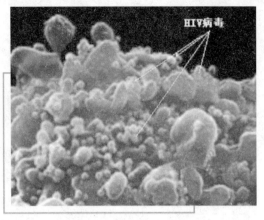

HIV病毒

病毒感染

外或经输血、注射而传播。病程常达数月至数十年，患者表现轻微或无临床症状，如乙型肝炎病毒（HBV）、巨细胞病毒、人类疱疹病毒（EB病毒）感染。

潜伏感染

指显性或隐性感染后，病毒基因存在于一定组织或细胞内，并不能产生感染性病毒，但在某些条件下可被激活而急性发作。病毒仅在临床出现间隙性急性发作时才可以被检出，在非发作期，用一般常规方法不能分离出病毒。如单纯疱疹病毒Ⅰ型感染后，在三叉神经节中潜伏，此时机体既无临床症状也无病毒排出。以后由于机体受物理、化学或环境因素等影响，使潜伏的病毒增殖，沿感觉神经到达皮肤，发生口唇性单纯疱疹。又如水痘——带状疱疹病毒，初次感染主要在儿童中引起水痘，病愈后病毒潜伏在脊髓后根神经节或颅神经的感觉神经节细胞内，暂时不显活性。当局部神经受冷、热、压迫或X线照射以及患肿瘤等致机体免疫功能下降时，潜伏的病毒则活化、增殖，沿神经干扩散到皮肤而发生带状疱疹。

慢发病毒感染

有很长的潜伏期，达数月、数年甚至数十年之久。随后出现慢性、进行性疾病，最终成为致死性感染。如艾滋病以及麻疹病毒引起的亚急性硬化性全脑炎。除一般病毒外，还有一些特殊病毒或特定生物因子（如朊粒）也可能引起慢发感染。

💨 ◎ 病毒的传播方式

病毒的传播方式有水平传播和垂直传播 2 种。

水平传播指病毒在人群中不同个体间的传播。常见的传播途径主要有皮肤和呼吸道、消化道或泌尿生殖道等黏膜。在特定条件下也可直接进入血液循环。

垂直传播指通过胎盘或产道，病毒直接由母体传播给胎儿的方式。常见的导致垂直传播的病毒

你知道吗

艾滋病

艾滋病，即获得性免疫综合症，英文简称 AIDS。是人类因为感染人类免疫缺陷病毒（即 HIV）后导致免疫缺陷，并发一系列机会性感染及肿瘤。目前，艾滋病已成为严重威胁世界人民健康的公共卫生问题，并且已从一种致死性疾病变成一种可控的慢性疾病。

有风疹病毒、巨细胞病毒、乙肝病毒、HIV 和单纯疱疹病毒等 10 余种。可引起死胎、流产、早产或先天性畸形。

➡ 细菌、致病菌、病毒之间的区别

💨 ◎ 细 菌

细菌是生物的主要类群之一，属于细菌域。细菌是所有生物中数量最多的一类。细菌的个体非常小，目前已知最小的细菌只有 0.2 微米长，因此大多细菌只能在显微镜下被看到。细菌一般是单细胞，细胞结构简单，缺乏细胞核、细胞骨架以及膜状胞器，例如线粒体和叶绿体。基于这些特征，细菌属于原核生物。原核生物中还有另一类生物称作古细菌，是科学家依据演化关系而另辟的类别。为了区别，本类生物也被称作真细菌。

细菌广泛分布于土壤和水中，或者与其他生物共生。人体身上也带有相

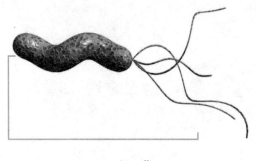

细 菌

当多的细菌。据估计，人体内及表皮上的细菌细胞总数约是人体细胞总数的 10 倍。此外，也有部分种类分布在极端的环境中，例如温泉，甚至是放射性废弃物中，它们被归类为嗜极生物，其中最著名的种类之一是海栖热袍菌，科学家是在意大利的一座海底火山中发现这种细菌的。然而，细菌的种类是如此之多，科学家研究过并命名的种类只占其中的小部分。细菌域下所有门中，只有约 $\frac{1}{2}$ 是能在实验室培养的种类。

知识小链接

嗜极生物

嗜极生物是可以在极端环境中生长繁殖的生物，通常为单细胞生物。多数嗜极生物属于古菌。可分类为：嗜酸生物即生长在 pH 值小于 3 的环境下；好氧生物即需要氧气维持生存的生物；石内生物即生长在岩石内的生物等。

细菌的营养方式有自养及异养，其中异养的腐生细菌是生态系中重要的分解者，使碳循环能顺利进行。部分细菌会进行固氮作用，使氮元素得以转换为生物能利用的形式。细菌也对人类活动有很大的影响。一方面，细菌是许多疾病的病原体，包括肺结核、淋病、炭疽病、梅毒、鼠疫、沙眼等疾病都是由细菌所引发。然而，人类也时常利用细菌，例如奶酪及酸奶的制作、部分抗生素的制造、废水的处理等，都与细菌有关。在生物科技领域中，细菌也有着广泛的运用。

◎ 致病菌

凡能使人或其他生物生病的细菌，如伤寒杆菌、炭疽杆菌等，称为致病菌或病原菌。

细菌在人体内寄生、增殖并引起疾病的特性，被称为细菌的致病性或病原性。致病性是细菌种的特征之一，具有质的概念，如鼠疫细菌引起鼠疫，结核杆菌引起结核。致病性强弱程度以毒力表示，是量的概念。各种细菌的毒力不同，并可因宿主种类及环境条件不同而发生变化。同一种细菌也有强毒、弱毒与无毒菌株之分。细菌的毒力常用半数死量或半数感染量表示，其含义是在单位时间内，通过一定途径，使一定体重的某种实验动物半数死亡或被感染所需的最少量的细菌数或细菌毒素量。

◎ 病　毒

趣味点击　烟草花叶病毒

烟草花叶病毒是烟草花叶病等的病原体，烟草花叶病和番茄花叶病早为人们所了解。叶上出现花叶症状，生长陷于不良状态，叶常呈畸形。

病毒是一种具有细胞感染性的亚显微粒子，可以利用宿主的细胞系统进行自我复制，但无法独立生长和复制。病毒可以感染所有的具有细胞的生命体。第一个已知的病毒是烟草花叶病毒，于 1899 年发现并命名，如今已有超过 5 000 种类型的病毒得到鉴定。

病毒由 2～3 个成分组成：①病毒都含有遗传物质（RNA 或 DNA，只由蛋白质组成的朊病毒并不属于病毒）；②所有的病毒都有由蛋白质形成的衣壳，用来包裹和保护病毒中的遗传物质；③部分病毒在到达细胞表面时能够形成脂质的包膜环绕在外。

病毒的形态各异，从简单的螺旋形和正二十面体形到复合型结构。病毒

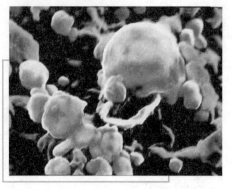

病 毒

颗粒大约是细菌大小的$\frac{1}{100}$。

病毒的传播方式多种多样，不同类型的病毒采用不同的方法。例如，植物病毒可以通过以植物汁液为生的昆虫（如蚜虫）在植物间进行传播；动物病毒可以通过蚊虫叮咬而得以传播。这些携带病毒的生物体被称为"载体"。流感病毒可以经由咳嗽和打喷嚏来传播；诺罗病毒则可以通过手足口途径来传播，即通过接触带有病毒的手、食物和水来传播；轮状病毒常常是通过接触受感染的儿童而直接传播的。此外，艾滋病毒则可以通过性接触来传播。

并非所有的病毒都会导致疾病，因为有些病毒的复制并不会对受感染的器官产生明显的伤害。一些病毒，如艾滋病毒，可以与人体长时间共存，并且依然能保持感染性而不受到宿主免疫系统的影响，即"病毒持续感染"。但在通常情况下，病毒感染能够引发免疫反应，消灭入侵的病毒。而这些免疫反应能够通过注射疫苗来产生，从而使接种疫苗的人或动物能够终生对相应的病毒产生免疫。

你知道吗

蚜虫

蚜虫又称蜜虫、腻虫等，多属于同翅目蚜科，为刺吸式口器的害虫，常群集于叶片、嫩茎、花蕾、顶芽等部位，刺吸汁液，使叶片皱缩、卷曲、畸形，严重时引起枝叶枯萎甚至整株死亡。蚜虫分泌的蜜露还会诱发煤污病、病毒病并招来蚂蚁危害等。

病毒家族的发展史

　　本章主要介绍病毒免疫学最新理论知识，既介绍了病毒感染以及宿主抗感染的一般规律、理论以及免疫防治，又分别详细阐述了各种常见的人类重要病毒的感染免疫机制：①病毒感染的固有免疫机制；②病毒感染的适应性免疫机制；③病毒与细胞的相互作用；④常见人类重要病毒的感染免疫机制；⑤病毒的免疫防治。

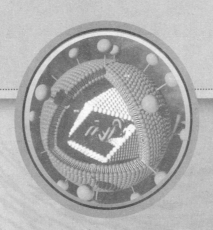

病毒的起源

病毒的起源有 4 类学说：①退化性起源学说，退化性起源学说认为病毒是细胞内寄生物的退化形式。②病毒起源于宿主细胞中的 RNA 和 DNA 成分的学说，这种学说认为，病毒是正常的细胞组分在进化过程中获得了自主复制的能力独立进化而来的。③病毒起源于具有自主复制功能的原始大分子的学说。④生命起源说，病毒是最原始的生命体，早在没有细胞之前就有病毒存在。这些学说各有一定的依据，目前尚无定论。因此，病毒在生物进化中的地位是未定的。但是，不论其原始起源如何，病毒一旦产生以后，同其他生物一样，能通过变异和自然选择而演化。

知识小链接

核糖核酸

核糖核酸（RNA），存在于生物细胞以及部分病毒、类病毒中的遗传信息载体。由至少几十个核糖核苷酸通过磷酸二酯键链接而成的一类核酸，因含核糖而得名。RNA 普遍存在于动物、植物、微生物及某些病毒的噬菌体内，RNA 是遗传信息的载体。

在病毒大家庭中，有一种病毒有着特殊的地位，这就是烟草花叶病毒。无论是病毒的发现，还是后来对病毒的深入研究，烟草花叶病毒都是病毒学工作者的主要研究对象，起着与众不同的作用。

1886 年，在荷兰工作的德国人麦尔把患有花叶病的烟草植株的叶片加水研碎，取其汁液注射到健康烟草的叶脉中，能引起花叶病，证明这种病是可以传染的。通过对叶子和土壤的分析，麦尔指出烟草花叶病是由细菌引起的。

1892 年，俄国的伊万诺夫斯基重复了麦尔的试验，证实了麦尔所看到的现象，而且进一步发现，患病烟草植株的叶片汁液，通过细菌过滤器后，还能引发健康的烟草植株发生花叶病。这种现象起码可以说明，致病的病原体不是细菌，但伊万诺夫斯基将其解释为是由于细菌产生的毒素而引起。生活在巴斯德的细菌致病说的极盛时代，伊万诺夫斯基未能做进一步的思考，从而错失了一次获得重大发现的机会。

1898 年，荷兰细菌学家贝杰林克同样证实了麦尔的观察结果，并同伊万诺夫斯基一样，发现烟草花叶病病原能够通过细菌过滤器。但贝杰林克想得更深入。他把烟草花叶病株的汁液置于琼脂凝胶块的表面，发现感染烟草花叶病的物质在凝胶中以适度的速度扩散，而细菌仍滞留于琼脂的表面。根据这些实验结果，贝杰林克指出，引起烟草花叶病的致病因子有 3 个特点：①能通过细菌过滤器；②仅能在感染的细胞内繁殖；③在体外非生命物质中不能生长。根据这几个特点他提出这种致病因子不是细菌，而是一种新的物质，称为"有感染性的活的流质"，并取名为"病毒"。

趣味点击　路易斯·巴斯德

路易斯·巴斯德，法国微生物学家、化学家。在战胜狂犬病、鸡霍乱、蚕病等方面取得了成果，他发明的巴氏消毒法至今仍在使用，他以倡导疾病细菌学说、发明预防接种方法而最为闻名。他一生证明了三个科学问题：①每一种发酵作用由于一种微菌的发展；②每一种传染病都是一种微菌在生物内的发展；③传染病的微菌在特殊培养下可减轻毒力，使它们从病菌变成防病的疫菌。

几乎是同时，德国细菌学家洛夫勒和费罗施发现引起牛口蹄疫的病原也可以通过细菌滤器，从而再次证明伊万诺夫斯基和贝杰林克的重大发现。

病毒原指一种动物来源的毒素。病毒能增殖、遗传和演化，因而具有生命最基本的特征。最初用来识别病毒的性状，如个体微小、一般在光学显微镜下不能看到、可通过细菌所不能通过的过滤器、在人工培养基上不能生长、具有致病性等，现仍有实用意义。但从本质上区分病毒和其他生物的特征是：①含有单一种核酸（DNA 或 RNA）的基因组和蛋白质外壳，没有细胞结构；②在感染细胞的同时或稍后释放其核酸，然后以核酸复制的方式增殖，而不是以二分裂方式增殖；③严格的细胞内寄生性。病毒缺乏独立的代谢能力，只能在活的宿主细胞中，利用细胞的生物合成机器来复制其核酸并合成由其核酸所编码的蛋白，最后装配成完整的、有感染性的病毒单位，即病毒粒。病毒粒是病毒从细胞到细胞或从宿主到宿主传播的主要形式。

你知道吗

病毒体

具有一定形态结构和感染性的完整病毒颗粒被称为病毒体，例如乙型肝炎病毒大球形颗粒即 Dane 颗粒。病毒体有 5 种类型：球形、丝形、弹形、砖形和蝌蚪形。

目前，病毒一词的含义可以是：由一个核酸分子与蛋白质构成的非细胞形态的营寄生生活的生命体，在化学组成和增殖方式上是独具特点的，只能在宿主细胞内进行复制的微生物或遗传单位。它的特点是：只含有一种类型的核酸（DNA 或 RNA）作为遗传信息的载体；不含有功能性核糖体或其他细胞器；RNA 病毒，全部遗传信息都在 RNA 上编码，这种情况在生物学上是独特的；体积比细菌小得多，仅含有少数几种酶类；不能在无生命的培养基中增殖，必须依赖宿主细胞的代谢系统复制自身核酸，合成蛋白质并装配成完整的病毒颗粒，或称病毒体（完整的病毒颗粒是指成熟的病毒个体）。

由于病毒的结构和组分简单，有些病毒又易于培养和定量，因此从 20 世纪 40 年代后，病毒始终是分子生物学研究的重要材料。

▶ 病毒的历史

　　关于病毒所导致的疾病，早在公元前 3 世纪～前 2 世纪的印度和中国就有了关于天花的记录。但直到 19 世纪末，病毒才开始逐渐被发现和鉴定。1884 年，法国微生物学家查理斯·尚柏朗发明了一种细菌无法滤过的过滤器（烛形滤器，其滤孔孔径小于细菌的大小），他利用这一过滤器就可以将液体中存在的细菌除去。1892 年，俄国生物学家伊凡诺夫斯基在研究烟草花叶病时发现，将感染了花叶病的烟草叶的提取液用烛形滤器过滤后，依然能够感染其他烟草。于是他提出这种感染性物质可能是细菌所分泌的一种毒素，但他并未深入研究下去。当时，人们认为所有的感染性物质都能够被过滤除去并且能够在培养基中生长，这也是疾病的细菌理论的一部分。1898 年，荷兰微生物学家贝杰林克重复了伊凡诺夫斯基的实验，并相信这是一种新的感染性物质。他还观察到这种病原只在分裂细胞中复制，由于他的实验没有显示这种病原的颗粒形态，因此他称之为可溶的活菌，并进一步命名为病毒。贝杰林克认为病毒是以液态形式存在的（这一看法后来被斯坦利推翻，他证明了病毒是颗粒状的）。1899 年，洛夫勒和弗罗施发现有口蹄疫病毒的动物淋巴液中含有能通过滤器的感染性物质，由于经过了高度的稀释，排除了其为毒素的可能性。他们推论这种感染性物质能够自我复制。

　　在 19 世纪末，病毒的特性被认为是感染性、可过滤性和细胞内寄生性，也就意味着病毒只能在动物或植物体内生长。1906 年，哈里森发明了在淋巴液中进行组织生长的方法；接着在 1913 年，斯坦哈特、李斯列和兰伯特利用这一方法在豚鼠角膜组织中成功培养了牛痘苗病毒，突破了病毒需要体内生长的限制。1928 年，有了更进一步的突破，利用切碎的母鸡肾脏的悬液对牛痘苗病毒进行了培养。这种方法在 20 世纪 50 年代得以广泛应用于脊髓灰质炎病毒疫苗的大规模生产。

趣味点击

牛痘菌

　　牛痘菌是用以预防天花病毒引起的强烈传染病的一种有效疫苗。由牛痘菌毒配制而成，人若感染该病毒只会产生轻微不适，并产生抗牛痘病毒的抵抗力。直至今日，牛痘菌仍被仍为是预防天花的最好方法。

　　20世纪早期，英国细菌学家托沃特发现了可以感染细菌的病毒，并称之为噬菌体。随后法裔加拿大微生物学家费力德海勒描述了噬菌体的特性：将其加入长满细菌的琼脂固体培养基上，一段时间后会出现由于细菌死亡而留下的空斑。高浓度的病毒悬液会使培养基上的细菌全部死亡，但通过精确的稀释，可以产生可辨认的空斑。通过计算空斑的数量，再乘以稀释倍数就可以得出溶液中病毒的个数。他们的工作揭开了现代病毒学研究的序幕。

　　1931年，德国工程师发明了电子显微镜，使得研究者首次得到了病毒形态的照片。1935年，美国生物化学家和病毒学家斯坦利发现烟草花叶病毒大部分是由蛋白质所组成的，并得到病毒晶体。随后，他将病毒成功地分离为蛋白质部分和RNA部分。斯坦利也因为他的这些发现而获得了1946年的诺贝尔化学奖。烟草花叶病毒是第一个被结晶的病毒，从而可以通过X射线晶体学的方法来得到其结构细节。第一张病毒的X射线衍射照片是于1941年所拍摄的。1955年，根据分析病毒的衍射照片，罗莎琳·富兰克林揭示了病毒的整体结构。同年，威廉姆斯和考瑞特发现将分离纯化的烟草花叶病毒RNA和衣壳蛋白混合在一起后，可以重新组装成具有感染性的病毒，这也揭示了这一简单的机制很可能就是病毒在它们的宿主细胞内的组装过程。

　　20世纪的下半叶是发现病毒的黄金时代，很多能够感染动物、植物或细菌的病毒在这数十年间被发现。1957年，马动脉炎病毒和导致牛病毒性腹泻的病毒（一种瘟病毒）被发现；1963年，乙型肝炎病毒被发现；1965年，霍华德·马丁·特明发现并描述了第一种逆转录病毒，这类病毒将RNA逆转录为DNA的关键酶，逆转录酶在1970年由霍华德·特明和戴维·巴尔的摩分别独立鉴定出来。1983 年，法国巴斯德研究院的吕克·蒙塔尼和他的同事首次分离得到了一种逆转录病毒，也就是现在世人皆知的艾滋病毒（HIV）。两人也因此与发现了能够导致子宫颈癌的人乳头状瘤病毒的德国科学家分享了 2008 年的诺贝尔生理学与医学奖。

病毒的作用

病毒也并非一无是处，它在人类生存和进化的过程当中，扮演了不同寻常的角色，人和脊椎动物直接从病毒那里获得了 100 多种基因，而且人类自身复制 DNA 的酶系统，也可能来自于病毒。病毒的作用可以表现在以下几个方面：

（1）噬菌体可以作为防治某些疾病的特效药，例如被烧伤的病人可以在患处涂抹绿脓杆菌噬菌体稀释液。

知识小链接

噬菌体

在微生物中，同样存在类似动植物界的食物链一样的关系。"捕食"细菌的生物，正是科学家们研究微生物的一种强有力的工具，噬菌体是感染细菌、真菌、放线菌或螺旋体等微生物的细菌病毒的总称，作为病毒的一种，噬菌体具有病毒特有的一些特性：个体微小；不具有完整细胞结构；只含有单一核酸。噬菌体基因组含有许多个基因，但所有已知的噬菌体都是在细菌细胞中利用细菌的核糖体、蛋白质合成时所需的各种因子、各种氨基酸和能量产生系统来实现其自身的生长和增殖。一旦离开了宿主细胞，噬菌体既不能生长，也不能复制。

（2）在细胞工程中，某些病毒可以作为细胞融合的助融剂，例如仙台病毒。

（3）在基因工程中，病毒可以作为目的基因的载体，使之被拼接在目标细胞的染色体上。

（4）在专一的细菌培养基中添加的病毒可以除杂。

（5）病毒可以作为精确制导药物的载体。

（6）病毒可以作为特效杀虫剂。

病毒疫苗对人类来说有防病毒的好处，并且人类的很多基因都是从病毒中得到的。

病毒生物杀虫剂

病毒是一种非细胞生命形态，它由一个核酸长链和蛋白质外壳构成，病毒没有自己的代谢机构，没有酶系统。因此病毒离开了宿主细胞，就成了没有任何生命活动，也不能独立自我繁殖的化学物质。一旦进入宿主细胞后，它就可以利用细胞中的物质和能量以及复制、转录和转译的能力，依据它自己的核酸所包含的遗传信息产生和它一样的新一代病毒。所以病毒常被用在遗传学研究中来帮助我们了解分子遗传学的基本机制，包括 DNA 复制、转录、RNA 加工、蛋白质转运等。

病毒基因同其他生物的基因一样，也可以发生突变和重组，因此也是可以演化的。病毒没有独立的代谢机构，不能独立繁殖，因此被认为是一种不完整的生命形态。近年来发现了比病毒还要简单的类病毒，它是小的 RNA 分子，没有蛋白质外壳，但它可以在动物身上造成疾病。这些不完整的生命形态的存在，说明无生命形态与有生命形态之间没有不可逾越的鸿沟。

👁️ 人类与病毒的斗争

病毒的历史即一部人类与病毒的斗争史。《史记》曾用"疫""大疫"表示疾病的流行。这也许可以认为是人类对流行病认识的"萌芽"。从《史记》起到明朝末年，仅正史就记载了很多次疾病大流行。西方也有多次疾病的大流行，如公元前4世纪的瘟疫、6世纪中叶的查士丁尼鼠疫、14世纪的黑死病等。

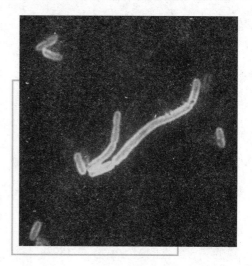

鼠疫杆菌

长期受流行疾病困扰的人们开始积累对它的认识，并推测引起流行疾病的病原。分子生物学家指出，传染病病原及与其有"亲缘关系"的细菌和病毒，在家畜和宠物中流行。比如麻疹病毒与牛瘟病毒相近，科学家推测古代农民因经常接触染病的牛，就携带了牛瘟病毒的一种变种，也就是现在麻疹病毒的"祖先"。

追溯传染性疾病的源头，农耕文明时人畜的长期接触往往成为新的传染病的来源。

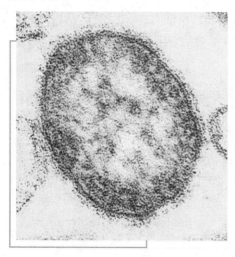

牛瘟病毒变种

据美国社会史专家麦克耐尔的叙述，人类与狗共有的疾病有65种，与牛共有的疾病有50种，与羊共有的疾病有46种，与猪共有的疾病有42种，与马共有的疾病有35种，与家禽共有的疾病有26种——这些疾病基本上都是从动物身上传到人身上的。

显微镜诞生后，对病原的关注到了一个新高度，值得一提的是德国细菌学家科赫和法国微生物学家巴斯德。

科赫用牛、羊和其他动物做实验，发现了结核杆菌。他发明用固体培养基的"细菌纯培养法"，首先采用染色体观察细菌的形态，并运用这些方法，分离出炭疽杆菌、结核杆菌和霍乱杆菌，同时确认这些细菌与疾病的关系，提出了"科赫原则"，作为判断某种微生物是否为某种疾病的病原的准则。

1566 年就有了关于疯狗咬人致病，即狂犬病的记载。

1889 年巴斯德指出，狂犬病的病原是某种可以通过细菌过滤器的"过滤性的超微生物"。1892年俄国的伊万诺夫斯基发现狂犬病的病原能通过细菌所不能通过的过滤器。科学家发现这种显微镜下看不到病原，用试管里培养细菌的方法也培养不出来，但它能扩散到凝胶中。因此科学家得出结论：认为病原是一种比细菌还小的"有传染性的活的流质"，这就是我们所说的"病毒"。

你知道吗

狂犬病

狂犬病又名恐水症，是由狂犬病毒所致的自然疫源性人畜共患急性传染病。流行性广，病死率高，对人的生命安全和健康造成严重威胁。人类所感染的狂犬病通常由病兽以咬伤的方式传给人。临床表现为特有的恐水、恐声、怕风、恐惧不安、咽肌痉挛、进行性瘫痪等。

人类在最早的狩猎和采集文明阶段，基本上没有所谓的传染病或流行病，因为那时候人口稀少，每个群体只有几十人，是自成一体的微型社会。各个互不交往的游猎群体到处跑，他们那样的生产方式和生活环境不大可能发生传染病或流行病。

考古学认为，在 1 万～1.1 万年前，生产方式从狩猎和采集转到了农

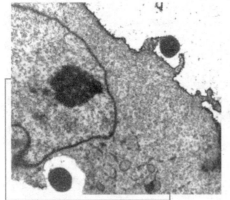

狂犬病毒

耕，农耕文明才带来了传染病。因为农耕文明阶段，人就跟家养的动物生活在一起了。

拓展阅读

百日咳

百日咳是由百日咳杆菌引起的急性呼吸道传染病。其临床特征为阵发性痉挛性咳嗽伴有深长的"鸡鸣"样吸气性吼声，如未得到及时有效的治疗，病程可迁延数个月左右，故称"百日咳"。本病传染性很强，常引起流行。患儿的年龄越小，病情越重，可因并发肺炎、脑病而死亡，近三四十年来，由于菌苗的广泛接种，我国百日咳的流行已大大减少，发病率、病死率亦明显降低。

历史上死于来自欧洲疾病的人非常之多，这些疾病包括天花、麻疹、流行性感冒、伤寒、百日咳、肺结核等。由于海洋的隔绝，印第安人从来没有接触过这些病菌与病毒，对它们既没有免疫力，也没有抵抗力。

西班牙征服者皮萨罗于1531年率领区区168人在秘鲁登陆时没想到，天花病毒会在短时间内消灭这个丛林帝国，留给他堆积如山的金银。早在1520年，天花就随着一个受感染的奴隶从古巴抵达墨西哥。大肆流行的瘟疫使他们失去了一半人口，包括皇帝。幸存的人也被搞得筋疲力尽，无心抵挡欧洲殖民者。墨西哥也因此人口锐减。

虽然新大陆也有众多人口和拥挤的城市，但它未曾把致命的疾病传播给欧洲人。这是因为美洲缺乏这些疾病的源头——家畜，欧亚大陆的流行病是从已驯化的群居动物疾病演化来的。美洲土著人只有5种驯化动物：火鸡、羊驼、鸭子、豚鼠和狗。这些动物不群居，与人的接触也没那么

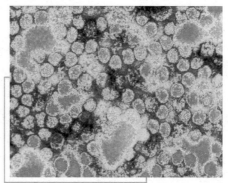

黄热病毒

紧密。

　　当然，情况并不总是对殖民者有利。热带地区的疟疾、霍乱和黄热病过去是，现在仍然是最致命的传染病。黄热病原本局限于非洲西部。非洲黑人对于该病或多或少都有一定的抵抗力，一旦感染虽也会出现头痛、发烧、呕吐等症状，但数天后即可痊愈。由于近代的贩卖黑奴活动，黄热病被带到了美洲，毫无抵抗力的白人、印第安人和亚洲移民成为黄热病的牺牲品。最严重时，美国当时的首都费城的行政机构几近瘫痪。拿破仑对黄热病束手无策，不得不将当时占领的路易斯安那拱手卖给美国。历史就这样被改写了。

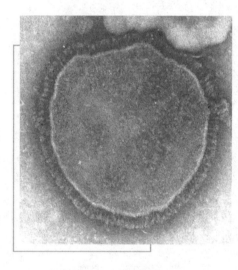

麻疹病毒

　　这里还有一个现代的例子：格陵兰岛气候严寒，人口稀少，交通不便。1951 年 4 月，一个正处在麻疹潜伏期的水手从丹麦哥本哈根来到格陵兰参加集会，引发麻疹流行，4 212人患麻疹。

　　不难看出：人类历史与人类疾病史有着关联性，任何一次传染病的大流行，都是人类文明进程所带来的；反过来，每一次大规模的传染病，又对人类文明本身产生极其巨大而深远的影响。

形形色色的病毒

　　病毒是一种体积极微小的微生物，人类经过100余年的研究，逐步揭示了病毒的特性以及病毒与人类、自然界的相互关系等。2003年与全国抗非典的无硝烟的战斗，人们对病毒有了更进一步的了解。本章图文并茂，深入浅出地介绍了病毒的发现与阶段性研究历史、分类和命名、基本特性，并以较多的篇幅介绍了当今人们普遍关注的、与人类健康密切相关的常见医学病毒、动物病毒、昆虫病毒、植物病毒和噬菌体的科普知识。

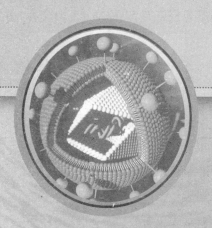

➡ 腺病毒科

◎ 腺病毒

腺病毒是病毒的一科，最初于 1953 年从人的增殖腺分离出来，可感染人和畜禽。本科分为两个属：①哺乳动物腺病毒属；②禽腺病毒属。

广角镜

啮齿类动物

啮齿动物是哺乳动物的一种，其特征为上颌和下颌两颗会持续生长的门牙。哺乳动物中 40% 的物种都属于啮齿动物。

腺病毒是一种没有包膜的直径为 70 ~ 90 纳米的颗粒，由 252 个壳粒呈二十面体排列构成。每个壳粒的直径为 7 ~ 9 纳米。衣壳里是线状双链 DNA 分子，约含 35 000 个碱基对，两端各有长约 100 个碱基对的反向重复序列。可以出现双链 DNA 的环状结构。人体腺病毒已知有 52 种，分别命名为 ad1 ~ ad52，研究得最详细是 ad2。

腺病毒对啮齿类动物有致癌能力，或能转化体外培养的啮齿类动物细胞。使细胞转化只需要腺病毒基因组的一部分，这些基因位于基因组的左端，约占整个基因组的 7% ~ 10% 。尽管腺病毒分布很广，但对人体不出现致癌性。人体细胞是一类允许细胞，即这类细胞允许感染入侵的病毒在细胞内复制增殖，最后细胞裂解死亡而释放出大量子代病毒。在体外培养的多种人体肿瘤细胞中均未查出腺病毒颗粒，但在人的 1 号染色体上有 ad12 的整合位点，这意味着人体细胞对于腺病毒也可能是非允许细胞，即这类细胞在病毒感染后，病毒不能在细胞内复制增殖，但可整合在受感染细胞的基因组内。这些细胞被病毒转化，表型发生改变，且可在体外无限期地培养传代。

◎ 腺病毒载体的优点

宿主范围广，对人致病性低

腺病毒载体系统可广泛用于人类及非人类蛋白的表达。腺病毒可感染一系列哺乳动物细胞，因此，在大多数哺乳动物细胞和组织中均可用来表达重组蛋白。特别需要指出的是：腺病毒具有嗜上皮细胞性，而人类的大多数的肿瘤就是上皮细胞来源的。另外，腺病毒的复制基因和致病基因均已相当清楚，在人群中早已流行（大

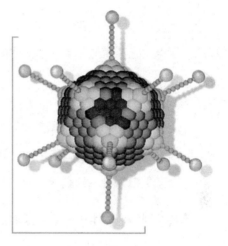

腺病毒

多数成人体内都有腺病毒的中和抗体存在）。人类感染野生型腺病毒后仅产生轻微的自限性症状，且病毒唑（利巴韦林）治疗有效。

> ### 知识小链接
>
> #### 上皮细胞
>
> 上皮细胞是位于皮肤或腔道表层的细胞，上皮细胞的形状有扁平、柱状等。皮肤外层的上皮细胞普遍角质化，有保护和吸收的作用。

在增殖和非增殖细胞中感染和表达基因

逆转录病毒只能感染增殖性细胞，因此 DNA 转染不能在非增殖细胞中进行，而必须使细胞处于持续培养状态。腺病毒则能感染几乎所有的细胞类型，除了一些抗腺病毒感染的淋巴瘤细胞，腺病毒是研究原代非增殖细胞基因表

达的最佳系统，它可以使转化细胞和原代细胞中得到的结果直接进行对比。

能有效进行增殖，滴度高

滴度在病毒学上指用噬菌斑方法测得的噬菌体浓度。腺病毒载体的滴度高这一特点使它非常适用于基因治疗。

与人类基因同源

腺病毒载体系统一般应用人类病毒作为载体，以人类细胞作为宿主，因此为人类蛋白进行准确的翻译后加工和适当的折叠，提供了一个理想的环境。大多数人类蛋白都可达到高水平表达，并且具有完全的功能。

不整合到染色体中，无插入致突变性

逆转录病毒可随机整合到宿主染色体中，导致基因失活或激活癌基因。而腺病毒则除了卵细胞以外几乎在所有已知细胞中都不整合到染色体中，因此不会干扰其他的宿主基因。在卵细胞中整合单拷贝病毒则是产生具有特定特征的转基因动物的一个较好的系统。

能在悬浮培养液中扩增

293 细胞即转染腺病毒的人肾上皮细胞系可以适应悬浮培养，这一调整可使病毒大量扩增。大量事实证明，悬浮 293 细胞可在 1 ~ 20 升的生物反应器中表达重组蛋白。

能同时表达多个基因

这是第一个可以在同一细胞株或组织中用来设计表达多个基因的表达系统。最简单的方法是将含有 2 个基因的双表达盒插入腺病毒转移载体中，或者用不同的重组病毒共转染目的细胞株来分别表达一个蛋白。测定不同重组病毒的噬菌体与细菌的数量比值，可正确估计各重组蛋白的相对共表达情况。

正是由于具有以上一些优点，腺病毒被极其广泛地应用于体外基因转导、体内接种疫苗和基因治疗等领域。

◎分类及致病性

自20世纪50年代发现并成功分离腺病毒以来，已陆续发现了100余个血清型，其中人腺病毒有49种，分为A、B、C、D、E和F六个亚群。基因治疗常用的人的2型及5型腺病毒在血清学分类上均属C亚群，在DNA序列上有95%的同源性。这两种腺病毒的增殖能力非常强，单位体积液体中有感染能力的病毒数目很多，这两种腺病毒在单个细胞中的基因组拷贝数可达10^4个（约占细胞总DNA的10%）。病毒颗粒比较稳定，满足动物实验的要求。

基本小知识

血　清

　　血清，指血液凝固后在血浆中除去纤维蛋白分离出的淡黄色透明液体或指纤维蛋白已被除去的血浆。其主要作用是提供基本营养物质、提供激素和各种生长因子、提供结合蛋白、提供促接触和伸展因子使细胞贴壁免受机械损伤、对培养中的细胞起到某些保护作用。

2型和5型腺病毒的致病性主要表现为可以导致儿童上呼吸道感染。在感染的最初几天，由于病毒大量复制和释放，会出现中度发热、浑身酸痛、乏力、咽痛等症状。但这些症状通常是比较短暂而轻微的，在以后的几天里，会随着中和抗体的产生而逐渐消失。虽然可以说高滴度和高免疫原性是腺病毒的主要特点，但也是相对的，如8型腺病毒（主要感染小肠和结膜组织）可以在扁桃体等淋巴组织中潜伏下来。在C亚群的其他一些腺病毒中也可以见到同样的现象，这是因为病毒的E3区编码的功能可使其逃避宿主的免疫打击。这似乎有助于理解为何腺病毒载体在造血系细胞中的基因转导效率明显低于其他组织、细胞。

◎ 腺病毒的生活周期

腺病毒的生活周期可以分为截然不同却又不能割裂开来的 2 个阶段。第一阶段包括腺病毒颗粒黏附和进入宿主细胞，将基因组释放到宿主细胞核中，以及有选择性地转录和翻译早期基因。在这个阶段，细胞为病毒基因组复制和腺病毒晚期基因表达并最终释放成熟的感染颗粒即第二阶段，作好了准备。第一阶段将在 6~8 个小时内完成，第二阶段稍快一点，需 4~6 个小时。

➡ 副黏病毒科

◎ 副流感病毒

副流感

一般是把副流感病毒归入呼吸道病毒，但这并非是病毒分类学上的名称，只不过是习惯上对一些由呼吸道传播的病毒的总称。

副流感病毒虽然与流感病毒的核酸类型一样都是 RNA（核糖核酸），而且两种病毒的结构基本相似，都由遗传物质和蛋白质外壳组成，但由于副流感病毒遗传物质 RNA 中的某些基因与流感病毒不同，结果导致其蛋白质外壳和抗原不同，所以在分类上，流感病毒属于正黏病毒科，而副流感病毒属于副黏病毒科，二者对人体的侵袭力强弱有一些差异。

副流感病毒引发的疾病主要有：普通感冒、支气管炎、细支气管炎和肺炎等，与副流感病毒相似的鼻病毒、冠状病毒、腺病毒等也可以引起普通感冒，甚至支气管炎。但是，属于正黏病毒科的流感病毒，是引起流行性感冒的病原体。

在分类上，副流感病毒与流感病毒也不一样。流感病毒分甲、乙、丙型，而甲型是导致人患流感的致病病毒。但副流感病毒则分为 4 型，即 PIV1 ~ PIV4。

由于流感病毒属于正黏病毒科，而副流感病毒属于副黏病毒科，所以两者在生物学特性上也有一些不同。比如，流感病毒有神经氨酸酶，而副流感病毒多数没有；流感病毒无溶血作用，而副流感病毒有溶血作用。

知识小链接

溶　血

红细胞破裂，血红蛋白溢出称红细胞溶解，简称溶血。可由多种理化因素和毒素引起。在体外，如低渗溶液、机械性强力振荡、突然低温冷冻（ -20℃ ~ -25℃ ）或突然化冻、过酸或过碱，以及酒精、乙醚、皂碱、胆碱盐等均可引起溶血。

另外，副流感病毒还有一些同胞兄弟，如麻疹病毒、流行性腮腺炎病毒、呼吸道融合细胞病毒和新城病毒等。呼吸道融合细胞病毒和副流感病毒一样引起普通感冒、气管炎和肺炎；新城病毒则主要在鸡中传播，引起新城鸡瘟。

副流感病毒的传播途径和防治

虽然副流感病毒与流感病毒存在一定区别，但传播途径、症状以及治疗方法都非常相似。感染副流感病毒会有发热、喉咙痛、全身骨痛等症状，与感染 SARS 和流感的症状差不多，部分人会有腹泻、呕吐的症状。副流感病毒侵袭人体后初期症状和感染流感的症状较类似，都是鼻塞、流鼻涕、眼结膜出血、全身酸痛等，只不过较轻，也容易治愈。但是，患者得的是流感还是副流感，必须从患者的分泌物中将病毒分离出来检测，或者进行特异性血清检测，才能进行判断。所以，一旦有感冒症状，应当尽快去医院就医，并明确诊断和对症治疗。

副流感病毒在寒冷、干燥的环境中相对活跃，因此副流感病毒的流行多发生在冬春季，主要通过空气中的飞沫，经呼吸道传播。因此副流感病毒在预防上和 SARS、流感差不多，人们要注意保持个人卫生，常洗手，室内经常通风换气；尽可能少去公共场所；注意天气变化，及时增减衣服；加强体育锻炼，多饮水，多吃蔬菜和水果，增加呼吸道的抵抗力。另外，一旦发现病人，应隔离传染源。而探望病人时要戴口罩，避免对着人咳嗽、打喷嚏等。

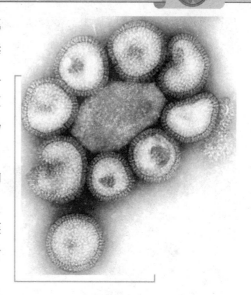

副流感病毒

副流感病毒感染人的潜伏期是3~7天，与流感一样属于自限性疾病，一般6~7天自行痊愈。但它对人体的危害主要是会引起严重的肺部并发症，所以在治疗上一般可以进行对症治疗，即有支气管炎就治支气管炎，有肺炎就治肺炎。而在预防上，除了上述一些措施外，普通居家中还可以用醋酸、八四消毒液等消毒剂进行消毒。

趣味点击 **醋酸**

醋酸又称酸，广泛存在于自然界，它是一种有机化合物，是典型的脂肪酸。被公认为食醋内酸味及刺激性气味的来源。在家庭中，乙酸稀溶液常被用作除垢剂。食品工业方面，在食品添加剂列表中，乙酸是规定的一种酸度调节剂。

一般来说，健康成年人的免疫系统比较完善，不易被该病毒感染，即使感染后症状也较轻。但婴幼儿、儿童的免疫系统不完善，感染后症状严重，往往会引起支气管炎、肺炎、呼吸衰竭等，因此在预防上儿童和婴幼儿是重点防护对象。此外，副流感病毒也会感染一些有慢性病的老年人，因此老年人也应与婴幼儿和儿童一样进行重点预防。

◎ 副流感病毒 2 型

副流感病毒 2 型是一种 RNA 病毒，属副黏病毒科副黏病毒属。本病毒是 1955 年在美国分离到的，又称格鲁布有关病毒（CA 病毒）、急性喉气管支气管炎病毒。

病毒颗粒直径约为 150 纳米。核壳体的螺旋直径为 12 ~ 17 纳米。该病毒具有血凝活性、神经氨酸酶活性以及血溶活性。可

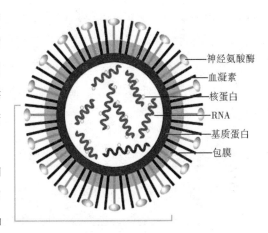

神经氨酸酶
血凝素
核蛋白
RNA
基质蛋白
包膜

副流感病毒 2 型

凝集鸡、豚鼠的红细胞和人 O 型红细胞。其补体结合抗原和血凝素抗原是型特异性的，与其他型副流感病毒有异种血清反应，与腮腺炎病毒有血清交叉反应。病毒可以在原代猴肾细胞、人胚肾细胞等中增殖，并且有明显的血细胞吸附现象。细胞病变的特点是形成细胞融合，病变区域似"瑞士乳酪"。胞质内常有嗜酸性包涵体。

基本小知识

红细胞

红细胞也称红血球，在常规化验中英文常缩写成 RBC，是血液中数量最多的一种血细胞，同时也是脊椎动物体内通过血液运送氧气的最主要的媒介，同时还具有免疫功能。成熟的红细胞是无核的，这意味着它们失去了 DNA。红细胞也没有线粒体，它们通过葡萄糖合成能量。

本病毒与急性喉气管支气管炎的病原有关，它较副流感病毒 1、3 型的流行更为散发。美国资料表明，从 15% ~ 17% 的喉气管支气管炎儿童以及 2% 的

其他呼吸道疾病的人群中可以分离出本病毒。但是，副流感病毒 2 型在中国较为少见，在 447 名病毒性呼吸道感染的患儿中只有 1 例证明是由本病毒引起的（0.2%），但抗体调查表明中国 15 岁以上的人群中 80% 以上有副流感病毒 2 型的病毒抗体，10 岁以下儿童的抗体阳性较少。志愿者试验说明，本病毒可以引起人类呼吸道疾病。成人的症状有咽肿、鼻塞、感冒等。感染率与攻击前的血清抗体水平有关，在一般情况下，抗体滴度为 1∶16 以上就可以预防感染。曾试制灭活疫苗，虽血清抗体转为阳性，但不能证明对自然感染的保护。

◎ 副流感病毒 3 型

副流感病毒 3 型是一种 RNA 病毒，属副黏病毒科副黏病毒属。本病毒是 1957 年在美国分离到的，也称血细胞吸附病毒 1 型（HA－1）。中国于 1962 年也分离到这型病毒。

知识小链接

急性喉气管支气管炎

急性喉气管支气管炎是一种喉、气管支气管黏膜的急性感染性疾病，多发于 5 岁以下的男童，常在病毒感染的基础上继发细菌感染。起病急，若不及时治疗，会造成严重后果。临床表现为高热、呼吸困难、脉搏快而弱等。

电镜下测得病毒的大小为 120～180 纳米，包膜厚约 10 纳米，具有血凝活性。其可溶性补体结合抗原和血凝素抗原是型特异性的，但与其他型副流感病毒可以引起不同程度的交叉反应。来自人和牛的副流感病毒 3 型具有共同的抗原成分。大约有 25% 的腮腺炎患者有明显的对 3 型病毒的抗体上升的现象。病毒可以在人、猴、牛、狗、豚鼠的肾原代细胞中增殖，也可以在成人和胎儿的呼吸道组织的器官培养中增殖。用猴肾细胞分离 3 型病毒的敏感性比人肾细胞约高 3 倍。细胞病变的特点是出现多核融合细胞，胞质内出现嗜酸性包涵体。病毒在经过适应以后才能在鸡胚增殖。地鼠和豚鼠鼻腔接种可以引起无明显症状的感染。

本病毒是副流感病毒中传播最快的一种病毒，可以引起小范围流行，全年都可以发生。但以早秋和晚冬发病率较高。根据美国资料，本病毒可以引起 3%～5% 的呼吸道疾病。临床表现从肺炎到无热性上呼吸道感染。大约有 $\frac{1}{3}$ 的原始感染可以侵犯下呼吸道，5 岁儿童几乎全部感染。在中国，流行情况较轻微，约占儿童急性病毒性呼吸道疾病的 1.3%。10 岁以前的儿童血清抗体阳性率也较低（13%）。虽然患者恢复期伴有高水平的血清抗体，呼吸道的分泌型抗体也增加，但是，青年人和成年人的再感染仍十分常见。血清抗体不能完全防止再感染，但可以减轻感染者的症状。志愿者实验也表明，攻击前有中和抗体者，仍有半数得病。常见的症状是流涕、鼻塞、喷嚏和咳嗽。

◎ 副流感病毒 4 型

副流感病毒 4 型是一种 RNA 病毒，属副黏病毒科副黏病毒属。本病毒是 1958 年在美国分离到的，称为 M-25。

病毒颗粒大小约为 150 纳米。包膜有血凝素，可以凝集豚鼠、恒河猴、人 O 型和鸡的红细胞，但血凝滴度很低，所以，常以血细胞吸附作为识别病毒增殖的指标。其可溶性补体结合抗原是型特异性的。交叉中和试验表明副流感病毒 4 型具有 2 个亚型：M-25a 和 M-25b。本病毒与腮腺炎病毒有共同的抗原成分。病毒可以在原代猴、人、牛、地鼠肾细胞上增殖。但最敏感的细胞是猴肾细胞。细胞病变不明显，但可以引起胞质内嗜酸

你知道吗

纳 米

纳米（符号为 nm）是长度单位，原称毫微米，就是 10^{-9} 米即十亿分之一米。如同厘米、分米和米一样，是长度的度量单位。相当于 4 倍原子大小，比单个细菌的长度还要小。现在很多材料的微观尺度多以纳米为单位。

性包涵体。地鼠和豚鼠鼻腔接种病毒可以引起不显性感染。本病毒不能在鸡胚增殖。

副流感病毒4型可以引起人类呼吸道感染。1963年在北京市某托儿所的一次急性呼吸道感染流行中分离出2株副流感病毒4型。此2例患者的双份血清均有4倍以上的中和抗体增长，在13例未分离出病毒的同班患儿（1～2岁）中也有11例对该病毒有2～16倍中和抗体增长。患儿表现的临床症状有上呼吸道感染、气管炎、支气管炎、轻度肺炎（5例）、喉炎、结膜炎等。平均病程为4.8日，发热平均为2.1日。

◎ 仙台病毒

仙台病毒又称乙型副流感病毒，是一种RNA病毒，属副黏病毒科副黏病毒属。本病毒是1953年首先在日本仙台分离到的。起先称为日本血凝病毒。与HA-2病毒有共同的可溶性抗原成分，同属副流感病毒1型。其自然宿主是小鼠和猪。1956年中国也分离到该病毒。

病毒颗粒大小与HA-2病毒相似。具有血凝活性、神经氨酸酶活性、血溶活性及融合细胞活性。中国学者证明仙台病毒有2个亚型：日本变异株和符拉迪沃斯托克变异株，前者的血溶活性明显地高于后者。仙台病毒的血溶活性与新城疫病毒相似。中国学者发现了在多种细胞培养上仙台病毒的急性融合细胞活性。随后发展的异种细胞融合形成杂交细胞的方法广泛地应用于遗传学的研究。融合细胞技术也可用于病毒分离。仙台病毒的神经氨酸酶活性与新城疫病毒也十分相近。仙台病毒与腮腺炎病毒有交叉血

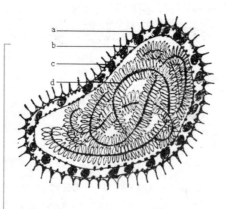

a.套膜上的钉芒具有唾液酸苷酶和血球凝集活动；
b.自细胞得来的病毒套膜；c.糖蛋白；d.染色体

仙台病毒

清学反应。

　　仙台病毒可以在猴肾细胞或人肾细胞中增殖。经过鸡胚羊膜或尿囊接种，病毒增殖良好。小白鼠、大白鼠、地鼠等啮齿类动物对仙台病毒敏感。有时可在动物室的乳鼠中引起流行。

　　一般认为仙台病毒是鼠类的副流感病毒。中国学者采用病毒分离及双份血清检查证实，仙台病毒可以引起人类呼吸道疾病，例如婴幼儿上呼吸道感染、气管炎、支气管炎、肺炎、喉炎等。血清学调查表明：中国北京地区1963～1964年收集的6个月～5岁婴幼儿的血清中，抗仙台病毒的抗体阳性率为25%，仅次于甲2型（H2N2）流感病毒（64%）。而抗其他型的副流感病毒抗体阳性率仅为13%。在中国，仙台病毒感染占儿童急性呼吸道疾病的2.7%。

◎ 腮腺炎病毒

　　腮腺炎病毒是一种RNA病毒，是流行性思腺炎的病原体，属副黏病毒科副黏病毒属。可引起人类的腮腺炎。1934年通过感染猴的试验，证明本病毒可引起腮腺炎。1946年从腮腺炎患者中取标本，通过鸡胚卵黄囊接种分离成功。本病毒的自然宿主是人。

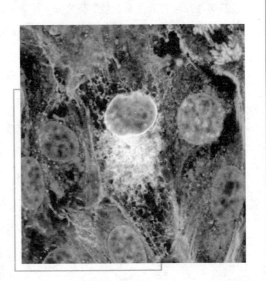

　　病毒颗粒呈圆形且大小悬殊，为100～200纳米。核壳体为螺旋对称状，直径17纳米，螺距5纳米，有一中空部分，直径为4～5纳米。有包膜，厚15～20纳米。表面有小的突起，含有血凝素、血溶素和神经氨酸酶。该病毒的感染性颗粒可被乙醚、氯仿、福

腮腺炎病毒

尔马林，在56℃的条件下作用20分钟及紫外线所灭活。该病毒的感染性颗粒在-70℃的条件下可以存活数年。腮腺炎病毒可以凝集鸡、人O型及豚鼠红细胞；在组织培养中增殖时有明显的红细胞吸附现象。其血溶活性与仙台病毒及新城疫病毒相似。本病毒仅有1个血清型。通过补体结合试验可查出2种抗原：①与病毒颗粒密切相结合的病毒颗粒抗原，称为V抗原；②可溶性抗原，相当于核蛋白，称S抗原。腮腺炎病毒与副流感病毒有共同的抗原关系。本病毒在鸡胚羊膜或卵黄囊中生长良好，在人胚肾、猴肾细胞中培养也很敏感，经适应后也可在鸡胚细胞中增殖。细胞病变的特点是产生胞质内嗜酸性包涵体和有时形成融合细胞。本病毒可引起猴和幼啮齿动物被感染。

知识小链接

卵黄囊

卵黄囊指爬行类、鸟类和哺乳类等由肠长出的盖在卵黄表面的胚外膜结构。胚胎发生体褶后，原肠则明显地分成胚内的原肠和胚外的卵黄囊，内包有大量的卵，卵黄囊的壁由胚外内胚层和胚外中胚层形成。

本病毒可引起人类的腮腺炎，有时并发睾丸炎和脑膜炎。潜伏期为18～21天。腮腺肿胀一般为两侧，持续7～10天。大约20%的13岁以上的男性患者在腮腺发炎后1～7天会并发睾丸炎，但由此而引起的不育症却很少见。因为，仅15%的病例侵犯两侧睾丸，而且也不是侵犯全腺体。有1%～10%病例可并发无菌性脑膜炎。但多为轻型，能自愈。一般可终生免疫，二次感染极少。腮腺炎病毒感染可以引起病毒血症。本病在世界各地都有流行。每7～8年有一次流行，大约有30%的病例是隐性感染。本病无特效治疗，但有减毒活疫苗进行预防。接种者有95%的抗体阳转。在1岁以后一次皮下接种即可，免疫力至少可持续6年。

◎ 新城疫病毒

新城疫病毒又称亚洲鸡瘟病毒、伪鸡瘟病毒或禽肺脑炎病毒。在病毒分类学中的位置属于副黏病毒科副黏病毒属中的一个种。该病毒主要危害鸡、珍珠鸡和火鸡，在被侵袭的鸡群中迅速传播，强毒株可使鸡群全群被毁灭。弱毒株仅引起鸡群呼吸道感染和产蛋量下降，但可迅速康复。人类可因接触病禽和活毒疫苗而引起结膜炎或淋巴腺炎，但很快便康复。

你知道吗

鸡 瘟

鸡瘟，通常指亚洲鸡瘟和欧洲鸡瘟。在中国民间，鸡瘟是长期以来人们对禽类疾病的通称。由于鸡新城疫这一禽病最为常见，故一直以来"鸡瘟"一词几乎等同于鸡新城疫。而在国际上，鸡瘟却是禽流感的旧称。在历史上，禽流感出现的时间要比鸡新城疫早许多。

新城疫病毒是单链核糖核酸病毒，有包膜。病毒颗粒具多形性，有圆形、椭圆形和长杆状等。成熟的病毒粒子直径为 100～400 纳米。包膜为双层结构膜，由宿主细胞外膜的脂类与病毒糖蛋白结合衍生而来。包膜表面有长 12～15 纳米的刺突，具有血凝素、神经氨酸酶和溶血素。病毒的中心是单链核糖核酸分子与附在其上的蛋白质衣壳粒，缠绕成螺旋对称的核衣壳，直径约 18 纳米。成熟的病毒以出芽方式释放至细胞外。

新城疫病毒对外界环境的抵抗力较强，在 55℃ 的条件下作用 45 分钟和阳光直射的条件下作用 30 分钟才被灭活。病毒在 4℃ 的条件下能存放几周，在 −20℃ 的条件下能存放几个月或在 −70℃ 的条件下能存放几年，其感染力均不受影响。在新城疫病毒

家鸽感染新城疫病毒

暴发后 8 周之内，仍可在鸡舍、蛋巢、蛋壳和羽毛中分离到病毒。

该病毒对乙醚敏感。大多数去污剂能将它迅速灭活。氢氧化钠等碱性物质对它的消毒效果不稳定。3% ~ 5% 来苏尔、酚和甲酚 5 分钟内可将裸露的病毒粒子灭活。在 37℃ 的孵卵器内，用 0.1% 福尔马林熏蒸 6 小时便可把它灭活。

新城疫病毒的所有毒株都能凝集多种禽类和哺乳类动物的红细胞。大多数毒株能凝集公牛和绵羊的红细胞。在病毒的血凝试验中，鸡的红细胞最为常用。

该病毒可在 9 ~ 12 日龄的鸡胚绒毛尿囊膜上和尿囊腔中培养，大多数毒株也可在兔、猪、犊牛和猴的肾细胞以及鸡组织细胞等继代或传代细胞中培养。鸡胚的成纤维细胞、鸡胚和仓鼠的肾细胞也常用于新城疫病毒的培养。

基本
小知识

肾细胞

肾细胞有背面肾细胞和腹面肾细胞两种。背面肾细胞与围心细胞相同。腹面肾细胞可见于双翅类幼虫，与左右唾液腺结成链状细胞群。

对新城疫病毒的免疫防治，应以预防接种为主要措施。接种用的疫苗有 2 大类，一类为灭活疫苗，另一类为弱毒苗。目前灭活疫苗主要有：新城疫油乳剂灭活苗、新城疫 - 传染性法氏囊 - 减蛋综合征油乳剂联苗、新城疫 - 传染性法氏囊 - 传染性鼻炎油乳剂联苗、新城疫 - 传染性支气管炎联苗种新城疫 - 肾型传染性支气管炎联苗等多种联苗。弱毒苗主要有传统的 Ⅰ 系、Ⅱ 系、Ⅲ 系、Ⅳ 系等弱毒疫苗。

◎ 呼吸道合胞病毒

呼吸道合胞病毒是一种 RNA 病毒，属副黏液病毒科。该病毒经空气飞沫和密切接触传播。多见于新生儿和 6 个月以内的婴儿。潜伏期3～7日。婴幼儿症状较重，可有高热、鼻炎、咽炎及喉炎，以后表现为细支气管炎及肺炎。少数病儿可并发中耳炎、胸膜炎及心肌炎等。成人和年长儿童感染后，主要表现为上呼吸道感

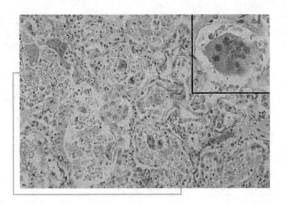

呼吸道合胞病毒

染。确诊可分离病毒及做血清补体结合试验和中和试验。应用免疫荧光技术检查鼻咽分泌物中病毒抗原，可作快速诊断。治疗以支持和对症疗法为主，有继发细菌感染时，可用抗菌药治疗。预防同其他病毒性呼吸道感染一样。

呼吸道合胞病毒肺炎简介

呼吸道合胞病毒肺炎简称合胞病毒肺炎，是一种常见的小儿间质性肺炎，多发生于婴幼儿。由于母传抗体不能预防感染的发生，出生不久的小婴儿即可发病，但新生儿中较少见。国外偶有医院内感染导致产科新生儿病房暴发流行的报道。

（1）病因学

呼吸道合胞病毒是引起小儿病毒性肺炎最常见的病原，可引起间质性肺炎及毛细支气管炎。

在电镜下所见的呼吸道合胞病毒与副流感病毒类似，病毒颗粒大小约为 150 纳米，较副流感病毒稍小。呼吸道合胞病毒，对乙醚敏感，无血球凝集性，在人上皮组织培养形成特有的合胞，在病毒胞浆内增殖，可见胞浆内包涵体。合胞病毒只有 1 个血清型，分子生物学方法证明有 2 个亚型。

（2）病理改变

合胞病毒感染的潜伏期为2～8天（多为4～6天）。合胞病毒肺炎的典型所见是单核细胞的间质浸润。主要表现为肺泡间隔增宽和以单核细胞为主的间质渗出，其中包括淋巴细胞、浆细胞和巨噬细胞。此外肺泡腔充满水肿液，并可见肺透明膜形成。在一些病例中，亦可见细支气管壁的淋巴细胞浸润。在肺实质出现伴有坏死区的水肿，导致肺泡填塞、实变和萎陷。少数病例在肺泡腔内可见多核融合细胞，形态与麻疹巨细胞相仿，但找不到核内包涵体。

拓展阅读

浆细胞

浆细胞大多见于消化管和呼吸道固有膜的结缔组织内。细胞较小，为圆形或卵圆形，核圆但偏于细胞一侧，染色质粗，沿核膜呈辐射状排列成车轮状。细胞质呈嗜碱性，染为蓝色。在靠近核处，有一着色浅的区域，近细胞核处有一色较浅而透明的区域。电镜下可见细胞质内含大量密集的粗面内质网，浅染区是高尔基复合体所在的部位。浆细胞来源于B细胞。

（3）流行病学

合胞病毒感染极广。1978年，在北京用免疫荧光法测定血清IgG（血清中免疫蛋白的主成分）抗全的结果：脐带血阳性率93%，出生至1个月阳性率为89%，1～6个月阳性率为40%，2～3岁阳性率均达70%以上，4～14岁阳性率均为80%左右（补体结合测定与此一致）。

由于母传抗体不能完全地预防感染的发生，合胞病毒肺炎在出生后任何时候都可能发生。多见于3岁以下婴幼儿，1～6个月婴幼儿可见较重病例，并且男性感染率多于女性感染率。合胞病毒肺类在我国北方多见于冬春季，广东则多见于春夏季。由于抗体不能完全防止感染，合胞病毒的再感染极为常见，有人观察10年，再次感染发生率高达65%。合胞病毒的传染性很强，有报道家庭成员相继发生感染，在家庭内发生时成人一般为上呼吸道感染。

▶ 呼肠孤病毒科

◎ 呼肠孤病毒

呼肠孤病毒是一组分节段的双链 RNA 病毒，属呼肠孤病毒科。

呼肠孤病毒的病毒粒是大小为 60～80 纳米的二十面体结构，病毒粒呈球形，有内外双层核壳，包围着直径 52 纳米的核心。核心含 45% RNA。外层核壳含有 92 个凹状、圆柱状空心的壳粒，长 10 纳米，宽 8 纳米，空心直径为 4 纳米。

呼肠孤病毒的化学组成主要是蛋白质和 RNA，不含多糖和脂类。RNA 为双螺旋形结构，可分为 10 个节段。核酸占病毒成分的 14%。呼肠孤病毒蛋白的 70% 是外层核壳蛋白，其余为核心蛋白。核心的双链 RNA 并不与蛋白结合。核心内含有 RNA 多聚酶。

呼肠孤病毒对热和一般消毒剂的抵抗力都很强，有的病毒株在 56℃ 的条件下作用 2 小时或在 70℃ 的条件下作用 30 分钟也不被灭活，在 37℃ 的条件下能存活数天，在 -20℃ 或 -70℃ 的条件下能保存数月或 1 年仍不失去感染性。病毒在 2% 来苏尔、3% 甲醛、1% 酚溶液以及 1% 过氧化物等常用

趣味点击　　多糖

多糖是由糖苷键结合的糖链，至少是超过 10 个以上的单糖组成的聚合糖高分子碳水化合物。由相同的单糖组成的多糖称为多糖，如淀粉、纤维素和糖原；以不同的单糖组成的多糖称为杂多糖，如阿拉伯胶是由戊糖和半乳糖等组成。多糖不是一种纯粹的化学物质，而是聚合程度不同的物质的混合物。多糖类一般不溶于水，无甜味，不能形成结晶，无还原性和变旋现象。多糖也是糖苷，所以可以水解，在水解过程中，往往产生一系列的中间产物，最终完全水解得到单糖。

的消毒剂中，在室温条件下至少存活 1 小时；但在 70% 酒精中，室温条件下 1 小时则被灭活；在 56℃ 的条件下病毒可被 3% 甲醛溶液杀死。呼肠孤病毒对乙醚、氯仿、去氧胆酸钠等都有抵抗，这表明呼肠孤病毒不含脂类。呼肠孤病毒在 pH 值为 2.2 ~ 8 时很稳定。在 2 摩尔氯化镁溶液中，加热到 50℃，病毒致病性反而增强 4 ~ 8 倍；但增加其他二价阳离子，同样条件，致病性并不增强。

呼肠孤病毒可在许多不同的宿主体内增殖，如鸡胚绒毛尿囊膜、尿囊。在猴、牛、狗、豚鼠、雪貂、地鼠、乳鼠体内能增殖。在人和动物的组织培养细胞，如人、猴、土拨鼠、猫、猪、狗、牛和羊等的原代细胞中能很好地增殖。病毒分离和滴定时，常用猴肾细胞。呼肠孤病毒在细胞内增殖后病毒颗粒在细胞质内呈晶格状排列，其中除有完整的病毒颗粒外，还有不完整的病毒颗粒和管形构造。病毒在细胞内增殖，在细胞核的周围形成含 RNA 的细胞质内包涵体。细胞病变出现缓慢，常常感染后 10 ~ 14 天才出现细胞病变。呼肠孤病毒的典型细胞病变不同于肠道病毒，主要是细胞出现颗粒性变化，如果感染剂量较小，细胞病变则难以同非特异性细胞退化相区别。

知识小链接

尿　囊

脊椎动物羊膜类肛膜的一种。是胚体腹侧的内脏层膨出而生，迅速扩大，扩展在浆膜与羊膜之间的胚外体腔中以具有薄膜壁的囊而形成尿囊，以细柄与胚体的消化管相连。开始时起排泄器官作用，但是以后到鸟类和爬行类则与浆膜结合扩展至卵壳下方，血管发达起呼吸作用。在哺乳类中，尿囊的血管进入绒毛膜的绒毛中，参与胎盘的形成。

所有哺乳类呼肠孤病毒在 4℃、25℃、37℃ 等不同温度都能凝集人 O 型红细胞。人类呼肠孤病毒 3 型还能在 4℃ 凝集牛的红细胞。用受体破坏酶（RDE）处理牛的红细胞后，就失去凝集病毒的作用，但人红细胞不受 RDE

的影响。呼肠孤病毒的血凝素在 4℃ ~ 37℃ 时最稳定，56℃ 时则被破坏。乙醚不破坏血凝性，也不影响感染性。氯仿能破坏血凝性，但对感染性无影响。由于 N－2 酰氨基葡萄糖能够与病毒核壳结合，因而能抑制血凝现象。

呼肠孤病毒在人和动物中广泛传播。从健康儿童体内，常能分离出呼肠孤病毒，从冬季患发热的儿童体内，患腹泻和肠炎、脂肪痢的儿童以及患上呼吸道感染的儿童，患感冒的成人体内都能分离出呼肠孤病毒。另外，从患有流行性鼻炎的猩猩和患肺炎的猴子等动物体内也能分离出该病毒。用呼肠孤病毒感染志愿者鼻腔做测试，结果出现类似感冒的症状并有抗体升高现象。实验感染可以使猴子发生脑炎或肝炎，猩猩出现感冒。感染乳鼠，病毒侵犯神经、心肌、肝脏等。感染怀孕的小鼠，则胎鼠出现持续感染状态。实验感染结果表明，感染后，尽管在动物的肺和其他组织中含有大量病毒，血中也可查到抗体，但可不出现临床症状。人感染呼肠孤病毒后可能引起胃肠道疾患，临床症状多不明显。如果合并衣原体，细菌感染则出现严重临床症状。

人类呼肠孤病毒有共同的补体结合抗原。而血凝抑制抗体和中和抗体有型特异性，因此，用中和试验和血凝抑制试验能区分人类呼肠孤病毒为 1、2、3 型。2 型又可分为 1 亚型。1 型和 2 型的抗原性有交叉，因此，受呼肠孤病毒 1 型感染后，机体除有抗 1 型病毒抗体外，还出现抗 2 型病毒抗体；同样，受呼肠孤病毒 2 型感染后，抗 1、2 型病毒抗体都升高。但感染呼肠孤病毒 3 型后，机体只出现抗 3 型病毒的抗体。

根据抗体调查结果证明，呼肠孤病毒在人和野生动物以及家畜中广泛存在。经对不同年龄人群的抗体调查发现，婴儿由母体获得的抗体在 3 ~ 6 个月就消失了。10 岁儿童中 $\frac{1}{2}$ 以上带有 1 个型以上的抗体。随着年龄的增长，

你知道吗

抗 体

抗体指机体的免疫系统在抗原刺激下，由 B 淋巴细胞或记忆细胞增殖分化成的浆细胞所产生的、可与相应抗原发生特异性结合的免疫球蛋白。主要分布在血清中，也分布于组织液及外分泌液中。

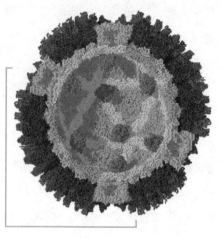

呼肠孤病毒

抗体也随之增加，成人中80%～100%带有1个型以上的抗体。牛感染呼肠孤病毒后，病毒在牛粪中能存留较长时间。因此，由于接触牛或饮用被病毒污染的牛奶，可使人受到感染。也曾在蚊体内发现呼肠孤病毒3型，但没有证据说明呼肠孤病毒可经昆虫媒介造成人类感染。由于粪便中容易分离出病毒，所以多认为呼肠孤病毒是通过粪便经口感染，也可能是经呼吸道感染，但咽部取材很少能分离出病毒。国内资料证明，患者或病毒携带者的粪便污染手、水、食物及日用品等，通过较密切的日常生活接触或饮用水和食物等经口传染是主要的传播方式。流行季节多在秋冬季节。

呼肠孤病毒的实验诊断方法，主要是由患者粪便标本和咽漱液中分离病毒，也可以取患者的尿、血液、脑脊液等进行分离，尸检时可以取各种脏器进行病毒分离。最常使用的组织培养细胞是猴肾细胞，各种动物的肾细胞都可以使用。也可使用原代人肾细胞。接种标本后，置37℃条件下静止培养21天，必要时继续盲目传代。鉴定病毒一般先用补体结合试验确定是否为呼肠孤病毒，然后再用血凝抑制试验或中和试验定型。免疫血清多用原来没有天然抗体的家兔制备，也可以用豚鼠、公鸡制备。除分离病毒外，还可以采用血凝抑制试验进行血清学诊断。

◎ 轮状病毒

轮状病毒呈球形，是分阶段的双链RNA，结构稳定，耐热，耐酸碱，表面有血凝素，培养较困难。

轮状病毒进入人体后，主要感染小肠上皮细胞，从而造成细胞损伤，引起腹泻。与此同时，能帮助人体消化的小肠茸毛受损断裂，小肠吸收不到人体的水分、养分，所以粪便排出体外后呈水状。有患者在轮状病毒排毒期每天拉肚子 10～20 次后出现脱水，不止泻的话就会进一步危及生命。此外，近年来还发现个别病人肠套叠、抽搐的并发症。小肠绒毛要 1 周才能修复，在此之

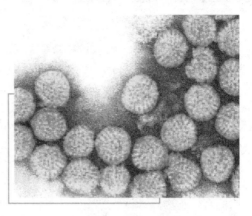

轮状病毒

前患儿若喝奶粉、母乳、牛奶、蔗糖类食物，还可能延长拉肚子的时间。

抽搐

　　抽搐是不随意运动的表现，是神经－肌肉疾病的病理现象，表现为横纹肌的不随意收缩。临床上常见的有如下几种：惊厥、强直性痉挛、肌阵挛、震颤、舞蹈样动作、手足徐动、扭转痉挛、肌束颤动和习惯性抽搐。中医认为引起抽搐的病因病机主要有热毒内盛和风阳扰动、风毒窜络、阴血亏损等方面。常见于脑系疾病、传染病、中毒、头颅内伤、厥毒类疾病、子痫、产后痉病、小儿惊风、破伤风、狂犬病等病中。

　　轮状病毒是引起婴幼儿腹泻的主要病原体之一，其主要感染上肠上皮细胞，从而造成细胞损伤，引起腹泻。轮状病毒每年在夏秋冬季流行，临床表现为急性肾肠炎。该病毒在电子显微镜下观察呈圆球状，中间的壳体像车轮的辐条一样呈向外放射状排列，外边的壳体类似车轮的外缘，形态极像车轮，故起名叫轮状病毒。

　　轮状病毒在全世界都有分布，早在 20 世纪 30 年代就曾在欧美国家流行过，在亚洲、非洲、拉丁美洲等发展中国家，是导致婴幼儿死亡的主要原因之一。我国自 20 世纪 50 年代开始，也曾先后在 20 多个省市发生过流行，其流行范围几乎遍及全国。这种病毒还曾在产科病房的婴儿室中引起过相互感染，导致多名婴

儿发生腹泻，有的甚至造成死亡。

据测试，轮状病毒在50℃的高温下，1小时仍然不会死亡；在﹣20℃的严寒条件下，可以存活7年；在﹣70℃的环境中可以长期保存。它对酸碱也有较强的耐受性，一般的洗涤剂对它毫无杀灭作用，但在外界环境中不能繁殖。正是由于该病毒的这些特点，才使它在不利的环境中能长期潜伏等待，一旦有机会进入人体，便会大量繁殖致病；然后随粪便排出体外，污染外部环境，重新感染别人。这样周而复始，至今人类还没有找到能有效杀灭该病毒的有效药物。

轮状病毒在庞大的病毒家族中虽然只是一个小小的支系，但它也有兄弟姐妹。资料显示，目前人们将轮状病毒分为2大类10多个组型。每型引发的症状基本相似，只是略有轻重之分。当人体受到轮状病毒侵袭后2～3天，体内即可产生对抗这种病毒的抗体。一般在短时间内，即使是再受到这种病毒的感染，也不会发病。但各型之间并无交叉免疫，也就是说，当受到Ⅰ型轮状病毒感染后，产生了对Ⅰ型病毒的抗体，若再受到Ⅰ型病毒的侵袭可能不会发病；但若受到Ⅱ型病毒的侵袭，仍然会发病。新生儿的母亲大多数都曾受到过不同轮状病毒的感染，因此，母亲早期的乳汁中会含有大量各种类型的抗体，新生儿吃母乳，特别是初乳，能起到很好的保护作用。

儿童轮状病毒腹泻的传染源主要是排毒的成人或孩子。病毒排出后常污染水源、食品、衣物、玩具、用具等。当健康人接触了这些物品时，病毒会通过手、口途径进入人体。从动物实验中还证实，病毒通过呼吸道也可进入动物体内引起消化道病变。人是否也可以通过空气被轮状病毒感染，至今尚未得到证实。

腹泻在我国多发生在10～12月，约占发病总数的80%，其次在3～5月份也有一个小的发病高峰期。当婴幼儿受到轮状病毒感染后，经过1～3天的潜伏期便开始发病。早期的主要症状是呕吐、体温在38℃～39℃，继而出现腹泻，每天大便在10次左右，个别孩子可达20次。早期可有粪便，经数次腹泻后，大便呈水样或稀米汤样，无脓血且量较多。由于患儿大量失水，很快发生脱水现象，出现精神萎靡、前囟门和眼窝下陷、皮肤松弛、尿少、口腔黏膜干燥等症状，若不及时纠正脱水状态，常可导致死亡。医生或有经验的家长根据季节、水样大便无脓血等特点，作出正确诊断并不难，关键是能否得到正确及时的治疗。

正确的治疗方法就是尽快纠正孩子的脱水、酸中毒。对于症状轻的孩子可用口服补液的方法进行纠正。常用的是世界卫生组织推荐的口服补液盐（配方为：氯化钠 3.5 克，碳酸氢钠 2.5 克，氢化钾 1.5 克，葡萄糖 20 克加水 1 000 毫

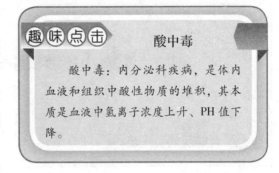

趣味点击　　酸中毒

酸中毒：内分泌科疾病，是体内血液和组织中酸性物质的堆积，其本质是血液中氢离子浓度上升、PH 值下降。

升），可让孩子当水喝。症状重一些的孩子可用静脉输液的方法纠正脱水和酸中毒，同时配以潘生丁口服。近年来，干扰素也被用来治疗轮状病毒感染，这种药可以抑制病毒在人体内的繁殖，从而减轻症状，缩短病程。

另外，口服补液剂也在不断改进。早先在东南亚用米汤代替葡萄糖口服液取得了较好的疗效。我国也有人曾用炒焦的大米或小米熬成米汤，代替补液剂口服，取得了明显的效果。炒焦了的米粒已部分碳化，有吸附毒素和止泻的作用，也可将焦米汤代替水加在世界卫生组织推荐的口服液剂中让孩子饮用。米汤中的淀粉、维生素及其他矿物质，不但可以补充孩子的营养，还有利于孩子胃肠功能的恢复，是目前较理想的治疗方法。如果是新生儿得了秋季腹泻，应继续喂母乳或牛初乳，母乳或牛初乳中 90% 左右都含有抗轮状病毒的抗体，孩子吃后可减轻症状或缩短病程。

近年来，我国对秋季腹泻的预防也有很大进展，除了按一般肠道传染病的预防方法，如隔离病人、饭前便后洗手和不吃未经清洗和腐败变质的食物外。有报道说，给孕妇接种轮状病毒疫苗，可使乳汁中轮状病毒抗体增加，新生儿吃这种母乳，能提高抗轮状病毒感染的能力。另外，口服的轮状病毒

疫苗被认为是最有效而且简便易行的预防方法，目前很多国家都在研究之中，有的已制出活的减毒人轮状病毒疫苗、传代减毒活的牛或猴轮状病毒疫苗和减毒活重组疫苗。有的疫苗经临床试用，并未引起成人或婴儿的不良反应。还有的国家正在用 DNA 重组技术开发轮状病毒疫苗，可望在不久的将来，这种疫苗能像口服儿麻糖丸（脊髓灰质炎减毒活疫苗）一样，在全世界普遍推广应用。

小核糖核酸病毒科

◎脊髓灰质炎病毒

脊髓灰质炎属于小核糖核酸病毒科的肠道病毒属，是急性传染病，由病毒侵入血液循环系统引起，部分病毒可侵入神经系统。患者多为 1～6 岁儿童，主要症状是发热，全身不适，严重时肢体疼痛，发生瘫痪。俗称小儿麻痹症。

**基本
小知识**

脑膜炎

脑膜炎是一种娇嫩的脑膜或脑脊膜（头骨与大脑之间的一层膜）被感染的疾病。此病常伴有细菌或病毒感染身体任何一部分的并发症，如耳部或上呼吸道感染等。

脊髓灰质炎是一种急性病毒性传染病，其临床表现多种多样，包括程度很轻的非特异性病变如无菌性脑膜炎（非瘫痪性脊髓灰质炎）和各种肌群的弛缓性无力（瘫痪性脊髓灰质炎）。脊髓灰质炎病人，由于脊髓前角运动神经元受损，与之有关的肌肉失去了神经的调节作用而发生萎缩，同时皮下脂肪、肌腱及骨骼也萎缩，使整个机体变细。

　　脊髓灰质炎病毒是一种体积小（22～30纳米）的单链RNA基因组，缺少外膜的肠道病毒。按免疫性可分为3种血清型，其中I型最容易导致瘫痪，也最容易引起流行。

　　人是脊髓灰质炎病毒唯一的自然宿主，本病通过直接接触传染，是一种传染性很强的接触性传染病。隐性感染（最主要的传染源）在无免疫力的人群中常见，而明显发病者少见；即使在流行时，隐性感染与临床病例的比例仍然超过100∶1。一般认为，瘫痪性病变在发展中国家（主要是热带地区）少见，但近来对跛行残疾的调查发现这些地区的发病率达到美国接种疫苗以前的高峰发病年份的发病率。这些地区环境卫生和个人卫生都很差，病毒传播广泛，终年发病，因而小儿在出生后几年内就获得感染和免疫，而不发生大流行。瘫痪病例中，90%以上发生于5岁以前。相比之下，环境卫生和个人卫生好的经济发达国家，感染的年龄往往推迟，许多年长儿童和青年人仍然是易感者。在一些国家，由于疫苗的广泛使用，脊髓灰质炎目前已基本消灭。在全世界范围内，消灭脊髓灰质炎被基本消灭已经为时不远。

　　脊髓灰质炎病毒临床表现差异很大，有2种基本类型：轻型（顿挫型）和重型（瘫痪型或非瘫痪型）。

　　轻型脊髓灰质炎占临床感染的80%～90%，主要发生于小儿。临床表现轻，中枢神经系统不受侵犯。在感染后3～5天出现轻度发热、不适、头痛、咽喉痛及呕吐等症状，一般在24～72小时之内恢复。

知识小链接

中枢神经

　　中枢神经系统是神经系统的主要部分。其位置常在人体的中轴，由明显的脑神经节、神经索或脑和脊髓以及它们之间的连接成分组成。在中枢神经系统内大量神经细胞聚集在一起，有机地构成网络或回路。中枢神经系统是接受全身各处的传入信息，经它整合加工后成为协调的运动性传出，或者储存在中枢神经系统内成为学习、记忆的神经基础。人类的思维活动也是中枢神经系统的功能。

重型常在轻型的过程后平稳几天，然后突然发病，更常见的是发病无前驱症状，特别在年长儿童和成人中。潜伏期一般为 7～14 日，偶尔可较长。发病后发热、严重头痛、颈背僵硬、深部肌肉疼痛并且有时有感觉过敏和感觉异常等症状，在急性期出现尿潴留和肌肉痉挛，深腱反射消失，可不再进一步进展，但也可能出现不对称性肌群无力或瘫痪，这主要取决于脊髓或延髓损害的部位。患者出现呼吸衰弱现象可能由于脊髓受累使呼吸肌麻痹，也可能是由于呼吸中枢本身受病毒损伤所致。吞咽困难、鼻反流、发声时带鼻音是延髓受侵犯的早期体征。脑病体征偶尔比较突出。脑脊液糖正常，蛋白轻度升高，细胞计数 10～300 个/微升（淋巴细胞占优势）。外周血白细胞计数正常或轻度升高。

治疗是对症性的。顿挫型或轻型非瘫痪型脊髓灰质炎仅需卧床几日，用解热镇痛药对症处理。

当感染急性脊髓灰质炎时，可睡在硬板床上（用足填板，有助于防止足下垂）。如果发生感染应给予适当抗生素治疗，并大量饮水以防在泌尿道内形成磷酸钙结石。在瘫痪型脊髓灰质炎恢复期，理疗是最重要的治疗手段。

脊髓病变引起呼吸肌麻痹，或者病毒直接损害延髓的呼吸中枢引起颅神经所支配的肌肉麻痹时，都可能导致呼吸衰竭。此时需要进行人工呼吸。对咽部肌肉无力、吞咽困难、不能咳嗽、气管支气管分泌物积聚的病人，应进行体位引流和吸引。常需要把气管切开或插管，以保证气道通畅。在呼吸衰竭时常发生肺不张的现象，故常需作支气管镜检查及吸引。若无感染不主张用抗菌药。

◎甲型肝炎病毒

甲型肝炎病毒（HAV）是一种 RNA 病毒，属小核糖核酸病毒科，是直径约 27 纳米的球形颗粒，由 32 个壳微粒组成对称二十面体核衣壳，内含线型单股 RNA。HAV 具有 4 个主要多肽，即 VP1、VP2、VP3、VP4。其中 VP1 与 VP3 为构成病毒壳蛋白的主要抗原多肽，诱生中和抗体。HAV 在体外抵抗力较强，在 -20℃条件下保存数年，其传染性不变，能耐受 56℃条件下作用 30 分钟及 pH 值为 3 的酸度。

甲型肝炎病毒引起甲型肝炎，这种肝炎的传染源主要是病人。其病毒通常由病人粪便排出体外，通过被污染的手、水、食物、食具等传染，严重时会引起甲型肝炎流行。如 1988 年 1 月，上海市出现了较大规模的流行性甲型肝炎，主要原因是人们食用了被甲肝病毒污染的食物。

甲型肝炎的潜伏期为 15～45 天，病毒常在患者转氨酸升高前的 5～6 天就存在于患者的血液和粪便中。发病 2～3 周后，随着血清中特异性抗体的产生，血液和粪便的传染性也逐渐消失。长期携带病毒者极罕见。

据临床和流行病学观察，甲型肝炎病毒多侵犯儿童及青年，发病率随年龄增长而递减。临床表现多从发热、疲乏和食欲不振开始，继而出现肝肿大、压痛、肝功能损害，部分患者可出现黄疸。多数情况下，无黄疸病例发生率要比黄疸型高许多倍，但大流行时黄疸型比例增高。HAV 侵入人体后，先在肠黏膜和局部淋巴结增殖，继而进入血流，形成病毒血症，最终侵入靶器官肝脏，在肝细胞内增殖。由于在组织培养细胞中增殖缓慢并不直接引起细胞损害，故推测其致病机理，除病毒的直接作用外，机体的免疫应答可能在引起肝组织损害上起一定的作用。

甲型肝炎是自限性疾病，治疗以一般及支持治疗为主，辅以适当药物，避免饮酒、疲劳和使用损肝药物。强调早期卧床休息，至症状明显减退，可逐步增加活动，以不感到疲劳为原则。急性黄疸型肝炎宜住院隔离治疗，隔离期（起病后 3 周）满，临床症状消失时可以出院，但出院后仍应休息几个月，恢复工作后应定期复查 1 年。

为防止甲型肝炎的发生和流行，应重视保护水源，管理好粪便，加强饮食卫生管理，讲究个人卫生，病人排泄物、食具、床单衣物等应认真消毒。我国生产的甲肝活疫苗只注射一次即可获得持久免疫力。基因工程疫苗研制亦已成功。

◎ 鼻病毒

鼻病毒分类上属小 RNA 病毒科，鼻病毒的生物学特性虽与肠道病毒基本相似，但也有不同，该病毒可在人胚肾、人胚肺或人胚气管器官培养中增殖。鼻病毒是人类普通感冒的主要病原，过去曾有伤风病毒、肠道样病毒等的名称。它有 100 个以上的血清型，其中经过详细鉴定的有 89 个型别。鼻病毒的形态和理化性质与肠道病毒相似，但鼻病毒在 pH 值为 3 的溶液中不稳定。它对人、鸡、小鼠或豚鼠红细胞，不论在 4℃、120℃ 或 37℃ 均无血凝作用。鼻病毒可以在人或猴组织细胞上生长，如果在 33℃、略酸的旋转培养条件下，可以引起明显的细胞病变，并形成蚀斑。在鸡胚内不能增殖。可感染猩猩，对其他动物不敏感。

鼻病毒可以引起特别是成人的轻微的呼吸道疾病（普通感冒）。潜伏期一般为 1～3 天。最常见的症状是伤风、咽疼、咳嗽。对于儿童来说，鼻病毒有时可以引起较为严重的呼吸道疾病，如支气管炎或支气管肺炎。在慢性气管炎患者支气管炎急性加重时，鼻病毒分离的阳性率高达 15%，而缓解期与正常的分离率相一致，仅 2% 左右。

鼻病毒在世界范围内都有流行。在同一人群中往往同时可以流行多种血清型。成人普通感冒患者的鼻病毒分离阳性率为 14%～24%，儿童普通感冒患者却为 6%；而健康成人或儿童仅为 1%～2%。

鼻病毒感染后，有 75%～80% 的人产生型特异性血清中和抗体，其滴度的高低和保护力成正比关系。治疗鼻病毒的有效方法是早晚用盐水洗鼻，以不断减少病毒的数量，从而减轻症状。

➡ 疱疹病毒科

◎ 疱疹病毒

疱疹病毒是一组具有包膜的 DNA 病毒，已知有 100 种以上成员，根据其理化性质分 α、β、γ 三个亚科。α 疱疹病毒（如单纯疱疹病毒、水痘——带

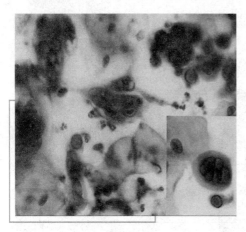

疱疹病毒

状疱疹病毒）增殖速度快，引起细胞病变。β 疱疹病毒（如巨细胞病毒），生长周期长，感染细胞形成巨细胞。γ 疱疹病毒（如 EB 病毒），感染的靶细胞是淋巴样细胞，可引起淋巴增生。疱疹病毒感染的宿主范围广泛，可感染人类和其他脊椎动物。

疱疹病毒主要侵犯外胚层来源的组织，包括皮肤、黏膜和神经组织。感染部位和引起的疾病多种多样，并有潜伏感染的趋向，严重威胁人类健康。

◎ 疱疹病毒的种类

1. 单纯疱疹病毒 1 型（人类疱疹病毒 1 型）。

2. 单纯疱疹病毒 2 型（人类疱疹病毒 2 型）。

3. 水痘——带状疱疹病毒（人类疱疹病毒 3 型）。

4. EB 病毒（人类疱疹病毒 4 型）。

5. 巨细胞病毒（人类疱疹病毒 5 型）。

6. 人类疱疹病毒 6 型。

7. 人类疱疹病毒 7 型。

8. 人类疱疹病毒 8 型。

感染后的常见表象为：神经节腺体、肾淋巴组织、淋巴

拓展阅读

脊椎动物

脊椎动物是有脊椎骨的动物，是脊索动物的一个亚门。这一类动物一般体形左右对称，全身分为头、躯干、尾三个部分，有比较完善的感觉器官、运动器官和高度分化的神经系统。包括鱼类、两栖动物、爬行动物、鸟类和哺乳动物等五大类。

组织热性疱疹；唇、眼、脑感染；生殖器疱疹水痘；带状疱疹单核细胞增多症，眼、肾、脑和先天感染传染性单核细胞增多症、非洲儿童淋巴瘤、鼻咽癌、婴儿急疹和其他一些如未知腹痛等病症。

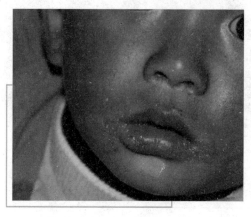

疱疹病毒感染者

◎疱疹病毒的生物特性

形态结构

单纯疱疹病毒简称 HSV，呈球形，完整病毒由核心、衣壳、被膜及囊膜组成核心含双股 DNA，缠绕成纤丝卷轴。衣壳呈二十面体对称，由 162 壳微粒组成，直径 100nm。衣壳外一层被膜覆盖，厚薄不匀，最外层为典型的脂质双层囊膜，上有突起。有囊膜的病毒直径为 150~200nm。囊膜表面含糖蛋白，与病毒对细胞吸附/穿入、控制病毒从细胞核膜出芽释放及诱导细胞融合有关。并有诱生中和抗体和细胞毒作用。

基因结构

HSV 基因组为一线性 DNA 分子，由共价连接的长片段（L）和短片段（S）组成。每片段均含有单一序列和反转重复序列。基因组中有 72 个基因，共编码 70 种各异的蛋白质，其中除 24 种蛋白的特性还不清楚外，有 18 种编码蛋白组成病毒 DNA 结合蛋白及各种酶类，参与病毒 DNA 合成、包装及核苷酸的代谢等。30 多种不同蛋白组成病毒的结构蛋白（如衣壳蛋白、囊膜蛋白），在保护 HSV 的 DNA，以及 HSV 的致病作用和诱导机体免疫应答中起重要作用。

广角镜

豚 鼠

　　又名荷兰猪、天竺鼠、葵鼠、几内亚猪，在动物学上的分类是哺乳纲啮齿目豚鼠科豚鼠属。尽管名字叫荷兰猪或几内亚猪，但是这种动物既不是猪，也并非来自荷兰或几内亚。它们的祖先来自南美洲的安第斯山脉，根据生物化学和杂交分析，豚鼠是一种天竺鼠诸如白臀豚鼠、艳豚鼠或草原豚鼠等近缘物种经过驯化的后代。因此，这种动物在大自然中已经不复存在。南美土著的民间文化中，豚鼠占有重要地位，它们不仅是一种食物来源，也是一种药物来源。

培养特性

　　HSV 可在多种细胞中生长，常用的细胞系有 BHK（仓鼠肾细胞）细胞，Vero（非洲绿猴肾细胞）细胞、Hep－2 细胞等。病毒初次分离时，原代乳兔肾细胞、人胚肺细胞较敏感。HSV 感染动物范围广泛，在多种动物脑内接种可引起疱疹性脑炎，小白鼠足垫接种可引起中枢神经系统致死性感染，家兔角膜接种引起疱疹性角膜炎，豚鼠阴道内接种可引起宫颈炎和宫颈癌。接种鸡胚绒毛尿囊膜上，形成增殖性白色斑块。

血清型

　　HSV 有两个血清型，即 HSV－1 和 HSV－2，两型病毒核苷酸序列有5%同源性，并且有共同抗原，也有特异性抗原，可用 DNA 限制性酶切图谱分析及 DNA 杂交试验等方法区分这两种血清型。

◎ 疱疹病毒的检测

病毒分离和鉴定

　　病毒分离培养是当今临床上明确诊断疱疹病毒感染的可靠依据。可采集皮肤、生殖器等病变部位的水疱液、脑脊液、角膜刮取物、唾液等标本，接种人二倍体成纤维细胞株及其它传代细胞株如 Vero、BHK 等，经 24～48 小时后，细胞则出现肿胀、变圆、细胞融合等病变。然后用 HSV－1 和 HSV－2 的单克隆抗体作免疫荧光染色鉴定或应用 DNA 限制性内切酶图谱分析来定型。

抗体检测

常用于抗体检测的方法有补体结合试验、中和试验、免疫荧光及酶联免疫吸附试验等，临床多用于急性感染诊断和对器官移植患者的检测，以及流行病学调查。如用于急性感染诊断，应采取急性期和恢复期双份血清，同时检测血清中的 IgG 和 IgM。

DNA 检测

取病变组织或细胞，提取病毒 DNA，与标记 HSV 的 DNA 探针进行杂交或应用聚合酶链式反应检测 HSV－1 或 HSV－2 的糖蛋白基因来判断是否是 HSV 的感染。这种方法已用于疑为 HSV 脑炎患者的诊断。

◎ 疱疹病毒的致病性

疱疹病毒主要通过直接密切接触和性接触传播。HSV 经口腔、呼吸道、生殖道黏膜和破损皮肤等多种途径侵入机体。人感染非常普遍，感染率达 80%～90%，常见的临床表现是黏膜或皮肤局部集聚的疱疹，偶尔也可发生严重的全身性疾病，累及内脏。

原发感染

6 个月以内的婴儿多从母体通过胎盘获得抗体，初次感染约 90% 无临床症状，多为隐性感染。HSV－1 原发感染常发生于 1～15 岁的人群，常见的有龈口炎，在口颊粘膜和齿龈处发生成群疱疹，破裂后，多盖一层坏死组织。此外可引起唇疱疹、湿疹样疱疹、疱疹性角膜炎、疱疹性脑炎等。生殖器疱疹多见于 14 岁以后由 HSV－2 引起，比较严重，局部剧痛，伴有发热全身不适及淋巴结炎。

淋 巴

淋巴也叫淋巴液，是人和动物体内的无色透明液体，内含淋巴细胞，由组织液渗入淋巴管后形成。淋巴管是结构跟静脉相似的管子，分布在全身各部。淋巴在淋巴管内循环，最后流入静脉，是组织液流入血液的媒介。淋巴存在于人体的各个部位，对于人体的免疫系统有着至关重要的作用。

潜伏感染和复发

HSV 原发感染产生免疫力后，将部分病毒清除，部分病毒可沿神经髓鞘到达三叉神经节（HSV－1）和脊神经节（HSV－2）细胞中或周围星形神经胶质细胞内，以潜伏状态持续存在，与机体处于相对平衡，不引起临床症状。当机体发热、受寒、日晒、月经、情绪紧张，使用垂体或肾上腺皮质激素，遭受某些细菌病毒感染等，潜伏的病毒激活增殖，沿神经纤维索下行至感觉神经末梢，至附近表皮细胞内继续增殖，引起复发性局部疱疹。其特点是每次复发病变往往发生于同一部位。最常见在唇鼻间皮肤与黏膜交界处出现成群的小疱疹。疱疹性角膜炎、疱疹性宫颈炎等亦可反复发作。

先天性感染

HSV 通过胎盘感染，影响胚胎细胞有丝分裂，易发生流产、造成胎儿畸形、智力低下等先天性疾病。40%～60% 的新生儿在通过被 HSV－2 感染的产道时可被感染，出现高热、呼吸困难和中枢神经系统病变，其中 60%～70% 受染新生儿可因此而死亡，幸存者中患后遗症者可达 95%。

致癌关系

一些调查研究表明 HSV－1 和 HSV－2 可能分别与唇癌、外阴癌及子宫颈

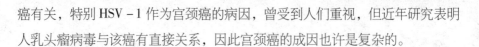

癌有关，特别 HSV－1 作为宫颈癌的病因，曾受到人们重视，但近年研究表明人乳头瘤病毒与该癌有直接关系，因此宫颈癌的成因也许是复杂的。

◎ 疱疹病毒的免疫性

HSV 原发感染后 1 周左右血中可出现中和抗体，3～4 周达高峰，可持续多年。中和抗体在细胞外灭活病毒，对阻止病毒经血流播散和限制病程有一定作用，但不能消灭潜伏感染的病毒和阻止复发。在机体抗 HSV 感染的免疫中，细胞免疫起重要作用，自然杀伤细胞可特异性杀死 HSV 感染细胞；在抗体参与下，介导 ADCC 效应（抗体依赖介导的细胞毒性作用）亦可将 HSV 感染细胞裂解；细胞毒性 T 细胞和各种淋巴分子（如干扰素等），在抗 HSV 感染中也有重要意义。

◎ 疱疹病毒的治疗

本病有自限性，1～2 周即可自愈。治疗的目的是防止下次复发。本病目前尚无特效药物，治疗原则为缩短病程，防止继发感染，减少复发。

全身治疗

治疗原则其一使感染的 HSV 不能活化，甚至消灭病毒；其二调节免疫，防止再发，可用阿昔洛韦静滴或口服，丽珠威口服，干扰素肌注，白细胞介素Ⅱ肌注。中科院微生所以含 PHMB（聚巴亚甲基盐酸）的娇妍洁阴洗液测试，疱疹病毒 3 分钟内 99% 可被杀灭，治疗上娇妍洁阴洗液或娇妍消毒凝胶再适当配合使用白细胞介素Ⅱ或利百多或灵杆菌素，95% 被的病人不复发。

1. 阿昔洛韦（ACV）：是目前公认的首选药物。使用方法应针对 GH（生殖器疱疹）不同的情况。

（1）首发性 GH：口服 ACV200mg，每日 5 次，连服 7 天；或静脉滴注 ACV5mg，每日 3 次，连续 5 天～7 天。

（2）复发性 GH：口服 ACV200mg，每日 5 次；或 800mg，每日 2 次，连

服 5 天；若在刚开始出现症状时即开始治疗，部分患者可不出现典型症状。复发频繁时，可口服 ACV200mg，每日 3 次，连续服用 6 ~ 12 个月。

（3）免疫受抑制患者：对 HIV 感染者的 GH，每次 400mg 口服，每日 3 ~ 5 次。若病情严重，静脉滴注，每 8 小时一次，直至痊愈。

（4）疱疹性瘭疽：口服 ACV200mg，每日 5 次，连服 7 天 ~ 10 天。

（5）HSV 直肠炎：口服 ACV400mg，每日 5 次，可缩短病程。免疫受损或重症者可静脉滴注 ACV5mg/（kg·8h）。

（6）新生儿 HSV：常采用静脉滴注 ACV30mg/（kg·d），或者阿糖腺苷 30mg/（kg·d），共 10 ~ 14 天。

2. 干扰素（IFN），原发 GH：肌肉注射或皮下注射，成人 100 万 U ~ 300 万 U；复发 GH：肌肉注射或皮下注射，成人 300 万 U ~ 600 万 U，儿童 10 万 U。

3. 病毒唑（三氮唑核苷）：抑制多种病毒 DNA 及 RNA 的复制、合成。

（1）原发 GH 及 AIDS 合并 HSV 感染：肌肉注射 l5mg/（kg·d）。

（2）复发 GH：口服，每日 4 次，3 天后减量，每日 2 次。

4. 磷甲酸钠：选择性抑制疱疹病毒诱导的 DNA 依赖的 DNA 聚合酶。静脉滴注 40 ~ 60mg，每 8 小时 1 次，连用 4 天。只用于个别严重的 GH 患者，特别是由耐阿昔洛韦 HSV 株引起的。副作用有肾毒性及钙磷代谢紊乱。

5. 消炎痛：口服，25mg，每日 3 次。

6. 色聚肌胞：肌肉注射，每周 2mg，2 ~ 3 次。

7. gD - 2 疫苗：为重组的 HSV - 2 糖蛋白在中国仓鼠卵巢细胞的表达，诱导产生的特异性抗体及中和性抗体，相当或超过 GH 患者所产生的水平。接种该疫苗 2 个月后重复 1 次。与对照者相比，复发明显减少，gD - 2 疫苗可减轻症状、预防感染。

8. 单克隆抗体治疗是有前途的新方法。HSV 糖蛋白疫苗及重组亚单位疫苗使机体产生抗体和增强细胞作用，对消除 HSV 感染后的潜伏和初次发作、复发均有效果。

局部疗法

原则为干燥、收敛、保护患部，防止继发感染。可用 pH4 弱酸性女性护理液，或娇妍洁阴洗液、氧化锌油膏或泥膏、紫草生地榆油膏、0.5% 新霉素软膏，或 0.25% ~0.1% 疱疹净（IDU）软膏、娇妍消毒凝胶等外洗。

中医治疗

1. 蛇丹汤：金银花 30g，紫草 10g，黄芩 10g，板蓝根、大青叶各 60g 用水来煎服，每天 1 剂。如果是疼病剧烈的患者，可以加乳香以及没药各 10g；而如果是痒甚的，可以加白鲜皮以及地肤子各 10g。还可以外用七厘散，用开水将七厘散溶化了，然后再涂于患处，每天 2 ~3 次就可以了。

2. 青黛散适量，然后再加入香油调成糊剂，在用的时候涂在患处，每天换药一次。

3. 板蓝根 30g，木贼草 30g，然后再煎成大概 200mL 的汤用来外洗，每天 2 次，然后每次 30 分钟。

4. 芒硝 100g，然后再兑入沸水 300mL，等到凉了以后再用来外洗患部。

5. 鲜半边莲适量，然后在洗净以后再捣如泥，然后再敷在患处，再盖上纱布，每天换药 1 ~2 次。

6. 野菊花 30g，黄柏 30g，马齿苋 30g，然后再煎成大概 200mL 的汤用来外洗，每天 2 次，每次洗敷 15 分钟，有着很好的效果。

◎ 单纯疱疹病毒

单纯疱疹病毒属于疱疹病毒科 α 病毒亚科，病毒粒大小约 180 纳米。根据抗原性的差别目前把该病毒分为 1 型和 2 型。1 型主要由口唇病灶获得，2 型可从生殖器病灶分离得到。由于人与人的接触感染。从发生后 4 个月到数年被感染的人数可达人口总数的 50% ~90%，是最易侵犯人的一种病毒，但在临床仅有部分发病。此病可分为口唇性疱疹、疱疹性角膜炎、疱疹性皮肤

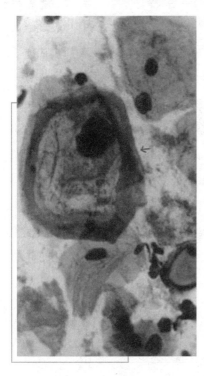

单纯疱疹病毒

炎、阴部疱疹、卡波西病等，有时也是脑膜炎、脑炎的病因。口唇部疱疹一般较易诊断，同时因日晒、发热等刺激因素而引起复发。该病毒可在鸡胚绒毛尿囊膜上及人、猴、鸡等的动物培养细胞中大量地增殖。另外，2 型病毒对田鼠细胞等有转化作用。还怀疑疱疹病毒与人类的宫颈癌有关。

◎ EB 病毒

　　EB 病毒又称 EBV 病毒、人类疱疹病毒。是艾伯斯坦和巴尔于 1964 年首次成功地将非洲儿童淋巴瘤细胞通过体外悬浮培养而建株，并在建株细胞涂片中用电镜观察到疱疹病毒颗粒。EB 病毒的形态与其他疱疹病毒相似，圆形、直径 180 纳米，基本结构含核样物、衣壳和囊膜 3 部分。核样物为直径 45 纳米的致密物，主要含双股线性 DNA，其长度随不同毒株而异。衣壳为二十面体立体对称，由 162 个壳微粒组成。囊膜由感染细胞的核膜组成，其上有病毒编码的糖蛋白，有识别淋巴细胞上的 EB 病毒受体及与细胞融合等功能。此外，在囊膜与衣壳之间还有一层蛋白被膜。

　　EB 病毒仅能在 B 淋巴细胞中增殖，可使其转化，能长期传代。被病毒感染的细胞具有 EB 的基因组，并可产生各种抗原，已确定的有 EB 核抗原、早期抗原、膜抗原、衣壳抗原、

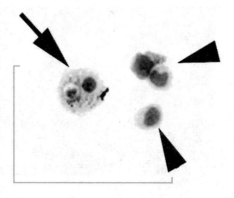

EB 病毒

淋巴细胞识别膜抗原。EB病毒长期潜伏在淋巴细胞内，以环状DNA形式游离在胞浆中，并整合天然染色体内。EB病毒在人群中广泛感染。根据血清学调查，我国3~5岁儿童EB病毒抗体阳性率达90%以上，幼儿感染后多数无明显症状，或引起轻症咽炎和上呼吸道感染。青年期发生原发感染，约有50%出现传染性单核细胞增多症。主要通过唾液传播，也可经输血传染。EB病毒在口咽部上皮细胞内增殖，然后感染B淋巴细胞，这些细胞大量进入血液循环而造成全身性感染，并可长期潜伏在人体淋巴组织中。当机体免疫功能低下时，潜伏的EB病毒活化形成复发感染。人体感染后能诱生抗体。上述抗体能阻止外源性病毒感染，却不能消灭病毒的潜伏感染。一般认为细胞免疫（如T淋巴细胞的细胞毒反应）对病毒活化的"监视"和清除转化的B淋细胞起关键作用。由EB感染引起或与EB感染有关的疾病主要有传染性单核细胞增多症、非洲儿童淋巴瘤、鼻咽癌等。

◎ 巨细胞病毒

巨细胞病毒（CMV）是一种疱疹病毒组DNA病毒。分布广泛，人与其他动物皆可遭受感染，引起以生殖泌尿系统、中枢神经系统和肝脏疾患为主的各系统感染，从轻微无症状感染直到严重缺陷或死亡。

巨细胞病毒亦称细胞包涵体病毒，由于感染的细胞肿大，并具有巨大的核内包涵体而得名。

生物学性状

CMV具有典型的疱疹病毒形态，其DNA结构也与单纯疱疹病毒相似，但比单纯疱疹病毒大5%。本病毒对宿主或培养细胞有高度的种特异性，人巨细胞病毒只能感染人及在

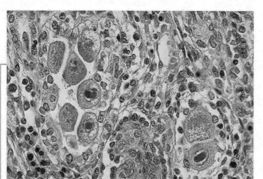

巨细胞病毒

人纤维细胞中增殖。病毒在细胞培养中增殖缓慢，复制周期长，初次分离培养需 30~40 天才出现细胞病变，其特点是细胞肿大变圆，核变大，核内出现周围绕有一轮"晕"的大型嗜酸性包涵体。

致病性

CMV 在人群中感染非常广泛，我国成人感染率达 95% 以上，通常呈隐性感染，多数感染者无临床症状，但在一定条件下侵袭多个器官和系统后可产生严重疾病。病毒可侵入肺、肝、肾、唾液腺、乳腺和其他腺体以及多核白细胞和淋巴细胞，可长期或间隙地从唾液、乳液、汗液、血液、尿液、精液、子宫分泌物等多处排出病毒。通过口腔、生殖道、胎盘、输血或器官移植等多途径传播。

（1）先天性感染

妊娠母体 CMV 感染可通过胎盘侵袭胎儿引起先天性感染，少数造成早产、流产、死产或生后死亡。患儿可发生黄疸、肝脾肿大、血小板减少性紫斑及溶血性贫血。幸存儿童常遗留永久性智力低下、神经肌内运动障碍、耳聋和脉络视网膜炎等。

趣味点击　妊娠

妊娠是母体承受胎儿在其体内发育成长的过程。妊娠期间的妇女称为孕妇，初次怀孕的妇女称初孕妇，分娩过 1 次的称初产妇，怀孕 2 次或 2 次以上的称经产妇。卵子受精为妊娠的开始，胎儿及其附属物（即胎盘、胎膜）自母体内排出是妊娠的终止。

（2）围产期感染

产妇泌尿道和宫颈排出 CMV，则分娩时婴儿经产道可被感染，多数为症状轻微或无临床症状的亚临床感染，有的有轻微呼吸道障碍或肝功能损伤。

（3）儿童及成人感染

通过吸乳、接吻、性接触、输血等感染，通常为亚临床型，有的也能导致嗜异性抗体阴性单核细胞增多症。由于妊娠、接受免疫抑制治疗、器官移植、肿瘤等因素，激活潜伏在单核细胞、淋巴细胞中的病毒，可引起单核细胞增多症、肝炎、间质性肺炎、视网膜炎、脑炎等。

（4）细胞转化和可能致癌作用

经紫外线灭活的 CMV 可转化啮齿类动物胚胎纤维母细胞。在某些肿瘤如宫颈癌、结肠癌、前列腺癌中 CMV 的 DNA 检出率高，CMV 抗体滴度亦高于正常人，在上述肿瘤建立的细胞株中还发现病毒颗粒，从而提示 CMV 与其他疱疹病毒一样，具有潜在致癌的可能性。

免疫性

机体的细胞免疫功能对 CMV 感染的发生和发展起重要作用。细胞免疫缺陷者，可导致严重的和长期的 CMV 感染，并使机体的细胞免疫进一步受到抑制，如杀伤性 T 细胞（淋巴细胞的一种）活力下降、NK 细胞（自然杀伤细胞，其靶细胞主要是某些肿瘤细胞、病毒感染细胞等）功能减低等。

机体原发感染 CMV 后能产生特异性抗体和杀伤性 T 淋巴细胞，激活 NK 细胞。抗体有限的 CMV 复制能力，对相同毒株再感染有一定抵抗力，但不能抵抗内源性潜伏病毒的活化及 CMV 其他不同毒株的外源性感染。而通过特异性杀性 T 淋巴细胞和抗体依赖细胞毒性细胞能发挥最大的抗病毒作用。

正黏病毒科

◎ 流感病毒

流行性感冒病毒，简称流感病毒，是一种造成人类及动物患流行性感冒的 RNA 病毒。流感病毒属于正黏病毒科，它会造成急性上呼吸道感染，并借由空气迅速地传播，在世界各地常会有周期性的大流行。流行性感冒病毒在免疫力较弱的老人或小孩及一些免疫失调的病人身上会引起较严重的症状，如肺炎或是心肺衰竭等。

该病毒最早是在 1933 年由英国人威尔逊·史密斯发现的，他称之为 H1N1。H 代表血凝素，N 代表神经氨酸酶，数字代表不同类型。

一、流感病毒的分类

类型与命名

根据流感病毒感染的对象，可以将病毒分为人类流感病毒、猪流感病毒、马流感病毒以及禽流感病毒等类群，其中人类流感病毒根据其核蛋白的抗原性可以分为 3 类：

（1）甲型流感病毒，又称 A 型流感病毒；

（2）乙型流感病毒，又称 B 型流感病毒；

（3）丙型流感病毒，又称 C 型流感病毒。

感染禽类、猪等其他动物的流感病毒，其核蛋白的抗原性与人甲型流感病毒相同，但是由于甲型、乙型和丙型流感病毒的分类只是针对人流感病毒的，因此通常不将禽流感病毒等非人类宿主的流感病毒称作甲型流感病毒。

在核蛋白抗原性的基础上，流感病毒还根据血凝素和神经氨酸酶的抗原性分为不同的亚型。

形态结构

流感病毒呈球形，新分离的毒株则多呈丝状，其直径在 80 ~ 120 纳米，丝状流感病毒的长度可达 400 纳米。

流感病毒结构自外而内可分为核心、基质蛋白、包膜 3 部分。

（1）核心

病毒的核心包含了存储病毒

你知道吗

包膜

大多数动物病毒，在毒粒外被有由糖蛋白，脂肪所形成的外膜，称之为包膜。糖蛋白在膜上往往形成各种形状的突起，叫刺突。一般认为，包膜是在病毒进出宿主细胞膜时带上的特殊结构。带有包膜的病毒更容易进入宿主细胞，它帮助病毒在宿主体内的扩散与繁殖，提高了病毒的致病性，包膜在识别寄主、侵入寄主细胞，病毒的抗原性方面起重要作用。

信息的遗传物质以及复制这些信息必需的酶。流感病毒的遗传物质是单股负链 RNA，它与核蛋白相结合，缠绕成核糖核蛋白体，以密度极高的形式存在。除了核糖核蛋白体，还有负责 RNA 转录的 RNA 多聚酶。

甲型和乙型流感病毒的 RNA 由 8 个节段组成，丙型流感病毒则比它们少一个节段，第 1、2、3 个节段编码的是 RNA 多聚集酶，第 4 个节段负责编码血凝素；第 5 个节段负责编码核蛋白，第 6 个节段编码的是神经氨酸酶；第 7 个节段编码基质蛋白，第 8 个节段编码的是一种能起到拼接 RNA 功能的非结构蛋白，这种蛋白的其他功能尚不得而知。

丙型流感病毒缺少的是第六个节段，其第四节段编码的血凝素可以同时行使神经氨酸酶的功能。

（2）基质蛋白

基质蛋白构成了病毒的外壳骨架，实际上骨架中除了基质蛋白之外，还有膜蛋白。基质蛋白与病毒最外层的包膜紧密结合，起到保护病毒核心和维系病毒空间结构的作用。

当流感病毒在宿主细胞内完成其繁殖之后，基质蛋白是分布在宿主细胞细胞膜内壁上的，成型的病毒核心衣壳能够识别宿主细胞膜上含有基质蛋白的部位，与之结合形成病毒结构，并以出芽的形式突出释放成熟病毒。

（3）包膜

包膜是包裹在基质蛋白之外的一层磷脂双分子层膜，这层膜来源于宿主的细胞膜，成熟的流感病毒从宿主细胞出芽，将宿主的细胞膜包裹在自己身上之后脱离细胞，去感染下一个目标。

包膜中除了磷脂分子之外，还有 2 种非常重要的糖蛋白：血凝素和神经氨酸酶。这 2 类蛋白突出病毒体外，长度约为 10～40 纳米，被称作刺突。一般一个流感病毒表面会分布有 500 个血凝素刺突和 100 个神经氨酸酶刺突。在甲型流感病毒中血凝素和神经氨酸酶的抗原性会发生变化，这是区分病毒毒株亚型的依据。

基质蛋白

基质蛋白在病毒学中是一种连接病毒封套与病毒核心的结构蛋白。当病毒进入细胞时，病毒的基质蛋白负责驱赶其他基因物质。

血凝素呈柱状，能与人、鸟、猪、豚鼠等动物红细胞表面的受体相结合引起凝血，故而被称作血凝素。血凝素蛋白水解后分为轻链和重链 2 部分，后者可以与宿主细胞膜上的唾液酸受体相结合，前者则可以协助病毒包膜与宿主细胞膜相互融合。血凝素在病毒导入宿主细胞的过程中扮演了重要角色。血凝素具有免疫原性，抗血凝素抗体可以中和流感病毒。

神经氨酸酶是一个呈蘑菇状的四聚体糖蛋白，具有水解唾液酸的活性，当成熟的流感病毒经出芽的方式脱离宿主细胞之后，病毒表面的血凝素会经由唾液酸与宿主细胞膜保持联系，需要由神经氨酸酶将唾液酸水解，切断病毒与宿主细胞的最后联系。因此神经氨酸酶也成为流感治疗药物的一个作用靶点，针对此酶设计的奥司他韦是最著名的抗流感药物之一。在1918～1919年流行性感冒肆虐期间，同类疗法曾经被医院采用。在 26 000 位接受同类疗法的流感患者中，只有 $\frac{1}{100}$ 的死亡率。

二、流感病毒的变异

在感染人类的 3 种流感病毒中，甲型流感病毒有着极强的变异性，乙型次之，而丙型流感病毒的抗原性非常稳定。

乙型流感病毒的变异会产生新的主流毒株，但是新毒株与旧毒株之间存在交叉免疫，即针对旧毒株的免疫反应对新毒株依然有效。

甲型流感病毒的高变异性增大了人们应对流行性感冒的难度，人们无法准确预测即将流行的病毒亚型，便不能有针对性地进行预防性疫苗接种。另一方面，每隔十数年便会发生的抗原转变，更会产生根本就没有疫苗的流感新毒株。

三、致病性和预防

　　流感病毒侵袭的目标是呼吸道黏膜上皮细胞，偶有侵袭肠黏膜的病例，则会引起胃肠型流感。

　　病毒侵入体内后依靠血凝素吸附于宿主细胞表面，经过吞饮进入胞浆；进入胞浆之后病毒包膜与细胞膜融合释放出包含的单股负链 RNA；单股负链 RNA 的 8 个节段在胞浆内编码 RNA 多聚酶、核蛋白、基质蛋白、膜蛋白、血凝素、神经氨酸酶、非结构蛋白等构件；基质蛋白、膜蛋白、血凝素、神经氨酸酶等编码蛋白在内质网或高尔基体上组装 M 蛋白和包膜；在细胞核内，病毒的遗传物质不断复制并与核蛋白、RNA 多聚酶等组建病毒核心；最终病毒核心与膜上的 M 蛋白和包膜结合，经过出芽释放到细胞之外，复制的周期大约 8 个小时。

　　流感病毒感染将导致宿主细胞变性、坏死乃至脱落，造成黏膜充血、水肿和分泌物增加，从而产生鼻塞、流涕、咽喉疼痛、干咳以及其他上呼吸道感染症状。当病毒蔓延至下呼吸道，则可能引起毛细支气管炎和间质性肺炎。

　　病毒感染还会诱导干扰素的表达和细胞免疫调理，造成一些自身免疫反应，包括高热、头痛、腓肠肌及全身肌肉疼痛等，病毒代谢的毒素样产物以及细胞坏死释放产物也会造成和加剧上述反应。

　　由于流感病毒感染会降低呼吸道黏膜上皮细胞清除和黏附异物的能力，

所以大大降低了人体抵御呼吸道感染的能力，因此流感经常会造成继发性感染，由流感造成的继发性肺炎是流感致死的主要死因之一。

防治流感病毒一方面要加强对流感病毒变异的检测，尽量作出准确的预报，以便进行有针对性的疫苗接种；另一方面是切断流感病毒在人群中的传播，流感病毒依靠飞沫传染。尽早发现流感患者，对公共场所使用化学消毒剂熏蒸等手段可以有效抑制流感病毒传播；对于流感患者，可以使用干扰素、金刚烷胺、奥司他韦等药物进行治疗。干扰素是一种可以抑制病毒复制的细胞因子；金刚烷胺可以作用于流感病毒膜蛋白和血凝素蛋白，阻止病

广角镜

干扰素

干扰素是一种广谱抗病毒剂，并不直接杀伤或抑制病毒，而主要是通过细胞表面受体作用使细胞产生抗病毒蛋白，从而抑制乙肝病毒的复制；同时还可增强自然杀伤细胞、巨噬细胞和 T 淋巴细胞的活力，从而起到免疫调节作用，并增强抗病毒能力。干扰素是一组具有多种功能的活性蛋白质，是一种由单核细胞和淋巴细胞产生的细胞因子。它们在同种细胞上具有广谱的抗病毒、影响细胞生长，以及分化、调节免疫功能等多种生物活性。

毒进入宿主细胞；奥司他韦可以抑制神经氨酸酶活性，阻止成熟的病毒离开宿主细胞。还有迹象显示板蓝根、大青叶等中药可能有抑制流感病毒的活性的作用，但是未获实验事实的证实。除了针对流感病毒的治疗，更多的治疗是针对流感病毒引起的症状的，包括非甾体抗炎药等，这些药物能够缓解流感症状，但是并不能缩短病程。

四、攻击性最强的流感病毒——甲型流感病毒

甲型流感病毒是一种单链 RNA 病毒，属正黏病毒科，是引起世界性流感流行的病原。根据其宿主不同，它可分为人和动物的 2 种。

人甲型流感病毒主要特征之一为其表面抗原的变异十分频繁，但明显的变异还是很少的。一旦表面抗原（H 和 N）发生较明显变异时，就会在人群

中造成不同程度的流行，发生大变异时就会造成世界性大流行。流感病毒的血凝素和神经氨酸酶有时只有 1 种发生变异，有时 2 种均发生变异。其变异形式有 2 种：①抗原性漂移或小变异；②抗原性转变或大变异。发生大变异时，常新病毒株的表面抗原（H 和 N）的 1 种或 2 种与前次的流行株完全不同，形成一个新的亚型。根据双向琼脂免疫扩散测定，血凝素至今有 3 种：H1、H2 和 H3。无论根据神经氨酸酶抑制还是双向琼脂免疫扩散测定，均认为神经氨酸酶至今仅有 N1 和 N2 两种。它们相互组合而形成 H1N1（甲 1 型）、H2N1（甲 2 型）和 H3N2（甲 3 型）三个亚型。

甲型流感病毒通常用鸡胚来分离和培养，一般能在鸡胚羊膜腔和尿囊腔中生长。除鸡胚外，常用于病毒分离的有原代人和猴肾细胞，常用于病毒培养的有传代牛和狗的肾细胞。但生长和引起病变程度，不同病毒株间有差别。最适生长温度为 33℃ ~ 35℃。

人甲型流感病毒不仅可引起人感染流感，并有时引起肺炎和其他并发症，主要是气管和支气管纤毛柱状上皮细胞的坏死和脱落。有些病毒株能自然感染禽类和哺乳类动物。

甲型流感病毒在流行病学上的最显著的特点是：突然暴发、迅速蔓延、广泛流行。流行形式有散发、局部暴发、流行和大流行。在非流行期间一般发病率较低，呈散发状态。大流行，有时甚至世界性大流行，是由于新亚型的出现，人群普遍地缺乏免疫力，因而传播迅速，流行波及全世界，发病率高。世界性大流行时常有 2 ~ 3 个波，一般来讲，第一波持续时间短，发病率高；第二波则持续的时间长，发病率低；有时还有第三波流行。一般情况下，第一波主要发生在城市和交通方便的地方，第二波主要

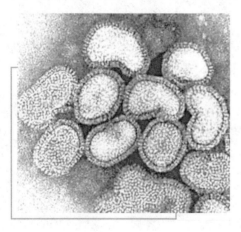

甲型流感病毒

发生在农村交通不便的地方。过去认为甲型流感病毒每 2 ~ 3 年就引起一次流行，每 10 年左右引起一次世界性大流行。但现在认为甲型流感病毒所引起的流行并没有严格的周期性。有较好记载的，曾发生过世界性大流行的有 1889 年、1918 年、1957 年和 1968 年。

甲型流感流行常常伴有一般死亡率和呼吸道病死率的升高。显性和隐性患者是流感的主要传染源。主要的传播方式是通过飞沫。传染期约 1 周，以病初 2 ~ 3 天传染期最强。

知识小链接

呼吸道

呼吸道是肺呼吸时气流所经过的通道。有肺脊椎动物的呼吸道分上、下两部：鼻、咽和喉合称为上呼吸道。气管及其以后一分再分的管道，合称为下呼吸道，或称为气管树。气管树是随着动物的进化逐渐复杂化的。

甲型流感病毒的潜伏期为 1 ~ 3 天。患者会有突然发冷、发热，全身肌肉酸痛，无力和上呼吸道卡他症状等。无并发症的病患，发病后 3 ~ 4 天就恢复，如有并发症则恢复慢。患者保持具有传染性直到恢复期开始，但有的发病后 7 天还能分离到病毒。甲型流感的明显特征为发病率高，病死率低。死亡通常是由于呼吸道继发病菌感染所致，但病毒本身也能引起肺炎。继发性感染通常发生于婴幼儿、老年人和有慢性心肺疾病或糖尿病的患者。

◎ 动物流感病毒

动物流感病毒是指首先从动物中分离到，并且其表面抗原（血凝素或神经氨酸酶）在人体中尚未发现过的流感病毒。如果虽从动物中分离到，但其表面抗原已从人体中发现过，一般就不称之为动物流感病毒。如人甲 3 型（H3N2）可从许多动物中分离到，但一般均不称之为动物流感病毒，而称之为从某动物（如猪、狗等）中分离到的甲 3 型流感病毒。由于近年来发现甲型流感病毒宿主范围非常广，有的在不同宿主间可相互传播，有的从无生命物质如湖水中也可分离到，因此，常常难以区分开哪些是人所固有的，哪些是某种动物所特有的。所以，近来甲型流感病毒亚型的划分已不考虑宿主的因素。

猪甲型流感病毒是指那些通常感染猪型流感病毒的株引起的流感，是一类甲型流感病毒。这类病毒于 1930 年首次从猪群中分离到，故称为猪型流感病毒。一般认为它是 1918～1919 年世界性流感大流行的病原，是从人传到猪，在猪群中保存了下来，偶尔会感染与猪密切接触的缺乏猪型抗体的年轻人。欧美一些国家和日本的猪群中均已分离到它，近来欧美和日本从禽类中也发现了它，但在中国尚未分离到这类病毒。然而，中国 50 岁以上人群中普遍存在有这类病毒株的抗体，青年人中普遍缺乏这种抗体。近来发现这类病毒株的表面抗原也发生了小变异，但仍未超出亚型的范围。这类病毒株于 1976 年春在美国新泽西州迪克斯堡新兵营中曾引起流感局部暴发。

拓展阅读

神经氨酸酶

神经氨酸酶又称唾液酸酶，是分布于流感病毒被膜上的一种糖蛋白，它具有抗原性，可以催化唾液酸水解，协助成熟流感病毒脱离宿主细胞感染新的细胞，在流感病毒的生活周期中扮演了重要的角色。在甲型流感病毒中，神经氨酸酶的抗原性会发生变异，这成为划分甲型流感病毒亚型的依据，在目前已知的甲型流感病毒中共有 9 种不同的神经氨酸酶抗原型。

马甲型流感病毒有 2 个血清型：①马 1 型（H7N7），于 1956 年首次在捷克斯洛伐克分离到，1974 年中国华北地区马群中曾发生由它引起的流行性流感。②马 2 型（H3N8），于 1963 年在美国首次被发现，中国尚未有马 2 型流感病毒流行的报道。马 2 型能实验性感染人，其血凝素与人甲型流感病毒相似，均为 H3，故人血清中含有马 2 型的血凝抑制抗体。在人甲 3 型（H3N2）出现之前，于老年人血清中就能查到有马 2 型血凝素和神经氨酸酶抗体，所以有人推测 1900 年左右在人群中可能发生过类似马 2 型病毒株的流行。近来也发现马 1 型和马 2 型病毒株均发生了抗原性小变异。

禽甲型流感病毒，其表面抗原有血凝素至少 10 种，神经氨酸酶 6 种。除此而外，几乎所有人、猪和马的甲型流感病毒的表面抗原均能在禽流感病毒中找到。除 H3N8 型马流感病毒在人血清中能查到抗体外，仅少数人报道在人血清中能查到其他禽流感病毒抗体，如 N3 的抗体。禽流感病毒在某些方面显然不同于其他流感病毒：对外界环境抵抗力很强，具有耐酸性；除能经呼吸道传播外，经胃肠道也能传播；在同一时间、地点甚至同一鸟群中可同时存在各种亚型的流行株等。有人认为禽类可能是人流感病毒天然储存宿主，但至今尚缺乏可靠的证据。目前世界上已发现的禽甲型流感病毒的各种亚型，几乎均已在中国禽类中找到。

◎ 西班牙流感病毒

由于 1918～1919 年著名的世界性流感大流行是西班牙首先公布的，故称这次流感为西班牙流感，造成这次流行的病原称之为西班牙流感病毒。而后根据血清学追溯等方面研究推断，1918～1919 年大流行的病原为 1930 年从猪中分离到的猪甲型流感病毒，故有时将 1918～1919 年的流感称为猪型流感，其病原叫作猪型流感病毒。虽然这类病毒目前归属于甲 1 型流感病毒，但为与其他甲 1 型病毒区别开，故目前凡是病毒颗粒表面抗原为 H1N1 的这类病毒仍称之为猪型流感病毒或西班牙流感病毒，凡是由这类病毒造成流感流行或散在病例也仍称之为猪

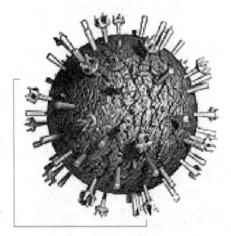

西班牙流感病毒

型流感或西班牙流感。

黄病毒科

◎ 黄病毒

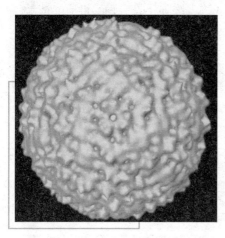

黄病毒

黄病毒科是一大群具有包膜的单正链 RNA 病毒。该类病毒通过吸血的节肢动物（蚊、蜱、白蛉等）传播而引起感染。过去曾归类为虫媒病毒。在我国主要流行的黄病毒有乙型脑炎病毒、森林脑炎病毒和登革病毒。

黄病毒的共同特征有：

（1）病毒呈小球形，直径多数为 40～70 纳米，该病毒表面有脂质包膜，其上镶有糖蛋白组成的刺突，包膜内为二十面体对称的核衣壳蛋白，中性含病毒 RNA。

（2）病毒基因组核酸为单股正链 RNA。病毒均在细胞质中增殖。

（3）病毒对热、脂溶剂和去氧胆酸钠敏感，在 pH 值为 3～5 的条件下不稳定。

（4）病毒的传播媒介是节肢动物（蚊、蜱、白蛉等）。这些节肢动物又是病毒的储存宿主，人、家畜、野生动物及鸟类动物受其叮咬后感染。

◎ 登革病毒

登革病毒是登革热的病原病毒。登革热以持续 1 周时间的高热和皮肤发疹为特征。多见于热带、亚热带地区，特别是东南亚、西太平洋及中南美洲。我国于1978年在广东佛山首次发现本病，以后在海南岛及广西等地均有发现。第二次世界大战后，在日本也曾流行过该病毒。病毒粒子直径为50纳米，球状，根据抗原性的差别分为4型。主要通过埃及伊蚊和白纹伊蚊等昆虫为媒介传播。病人及隐性感染者是本病的主要传染源。将发热期患者血液接种到幼稚小鼠的脑内可被分离固定。

拓展阅读

埃及伊蚊

　　埃及伊蚊是蚊科伊蚊属的一种，主要生活在南方地区，尤其是深圳等地区。它是引发"登革热"的祸首。某次，海口港检验检疫办事处人员在对一艘入境的越南籍船舶实施卫生监督时，发现船尾甲板上的一只旧铁桶内有积水，里头有大量幼蚊、虫卵及幼虫。工作人员及时对这些幼蚊进行蚊种技术鉴定，证实了这些虫子是传播"登革热"的主要生物媒介——埃及伊蚊。

　　登革病毒属于黄病毒科，形态结构与乙脑病毒相似，但体积较小，约17～25纳米，依抗原性不同分为1、2、3、4四个血清型，同一型中不同毒株也有抗原差异。其中2型传播最广泛，各型病毒间抗原性有交叉，与乙脑病毒和西尼罗病毒也有部分抗原相同。病毒在蚊体内以及白纹伊蚊传代细胞、猴肾、地鼠肾原代和传代细胞中能增殖，并产生明显的细胞病变。

　　人对登革病普遍易感。潜伏期约3～8天。病毒感染人后，先在毛细血管内皮细胞及单核巨噬细胞系统中复制增殖，然后经血流扩散，引起发热、头痛、乏力，肌肉、骨骼和关节痛，约半数伴有恶心、呕吐、皮疹或淋巴结肿大等症状。部分病人可于发热2～4天后症状突然加重，发生出血和休克。临床上根据上述症状可将登革热分为普通型和登革出血热/登革休克综合征2个类型。后者多发生于再次感染异型登革病毒后，其基本病理过程是异常的免疫反应，它涉及病毒抗原–抗体复合物、白细胞和补体系统，病情较重并且病毒率高。

知识小链接

白细胞

白细胞旧称白血球，血液中的一类细胞。白细胞也通常被称为免疫细胞。人体和动物血液及组织中的无色细胞。白细胞一般有活跃的移动能力，它们可以从血管内迁移到血管外，或从血管外组织迁移到血管内。因此，白细胞除存在于血液和淋巴中外，也广泛存在于血管、淋巴管以外的组织中。

预防登革病毒目前最主要的办法是控制传播媒介，即防止蚊虫叮咬。主要采取的措施是通过清除蚊虫孳生场所。开展宣传教育，增强居民自行清理蚊虫孳生场所的意识，改善环境卫生条件等方式控制蚊虫的数量。

◎乙型脑炎病毒

乙型脑炎病毒（简称乙脑病毒）国外亦称为日本脑炎病毒，是通过蚊叮咬传播，引起乙型脑炎的病原体。乙型脑炎多发于春夏季，10岁以下儿童多发，近年来，成人及老年人患者相对增加。该病临床表现轻重不一，病死率高，幸存者可能留下神经系统后遗症。

乙型脑炎病毒的生物学性状

乙脑病毒包膜表面有刺突为血凝素，在pH6.0～6.5范围能凝集雏鸡、鸽和鹅的红细胞。该病毒最易感染的动物为乳小鼠，经脑内接种病毒后，多于3～5天发病，被感染的鼠脑组织含大量病毒。病毒在地鼠肾和幼猪肾等元代细胞及C6/36蚊传代细胞中均能增殖，并引起明显的细胞病变。

乙脑病毒抗原稳定，很少变异，不同地区不同时间分离的病毒株之间无明显差异，应用疫苗预防效果好。

致病性与免疫性

在我国，乙脑病毒的主要传播媒介是三带喙库蚊、致乏库蚊和白纹伊蚊。在我国南方此病流行高峰在 6～7 月，东北地区则为 8～9 月，与各地蚊密度的高峰相一致。蚊感染病毒后，一定条件下，病毒在其唾液腺和肠内增殖，此时若蚊叮咬猪、牛、羊、马等家畜，均可引起感染。动物感染后一般出现短暂病毒血症，并且不出现明显症状。被感染的动物成为传染源。带病毒的蚊叮咬易感染动物形成蚊→动物→蚊的不断循环。若蚊叮咬易感染人则可引起人体感染。幼猪是乙脑病毒传播环节中最重要的中间宿主和扩散宿主。蚊可携带乙脑病毒越冬，以及经卵传代，故蚊不仅是传播媒介，还是病毒的长期储存宿主。

乙脑病毒侵入人体后，先在皮下毛细血管壁和局部淋巴结处增殖，少量病毒入血，随血液扩散到肝、脾的单核吞噬细胞中继续大量增殖后，导致第二次病毒血症，引起发热等全身不适。若不再发展，则为顿挫感染。少数病人由于血脑屏障发育不完善，或其防御功能被超越，病毒侵入脑组织内增殖造成脑实质及脑膜病变，表现为高烧、惊厥或昏迷等症状。部分幸存者可遗留痴呆、偏瘫、失语、智力减退等后遗症。

知识小链接

顿挫感染

病毒进入宿主细胞，若细胞缺乏病毒增殖所需的酶、能量及必要的成分，则病毒不能合成本身成分；或虽合成部分或全部成分，但不能装配和释放出有感染性的病毒颗粒，这样的病毒感染被称为顿挫感染。构成顿挫感染的细胞被称为非容纳性细胞。

病毒分离

取患者发病初期的血液、脑脊液和尸检脑组织，接种于 C6/36、BHK－21 等传代细胞，可分离到乙脑病毒。亦可用乳鼠脑内接种法分离病毒，但敏感性低于细胞分离法。

病毒抗原及抗体检测

用免疫荧光法和 ELISA（酶联免疫吸附剂测定）均可检测到发病初期患者血液及脑脊液中的乙脑病毒抗原。

阴性结果具有早期诊断意义。采取患者双份血清（两次间隔时间 1～2 周）做血凝抑制试验，若抗体效价增高 4 倍或 4 倍以上可以确诊，单份血清效价 320 有诊断价值。

◎ 森林脑炎病毒的传播及流行

森林脑炎病毒亦称苏联春夏型脑炎病毒，是森林脑炎的病原体。该病毒首先在前苏联东部发现，中欧与德国亦有病例报告，在我国东北和西北的一些林区曾有流行。

森林脑炎病毒形态结构与乙脑病毒近似。在动物中感染范围广，小鼠最为敏感，多种途径接种均能被感染。该病毒在原代鸡胚细胞和地鼠肾传代细胞培养中生长，并引起病变。

森林脑炎是一种中枢神经系统的急性传染病，蜱为传播媒介。病毒在蜱体内增殖，并经卵传代，也可由蜱携带病毒越冬，蜱是该病毒的储存宿主。在自然状况下，病毒由蜱传染森林中的兽类及鸟类，在动物中间循环。易感人群进入林区被蜱叮咬而感染。此病毒亦可通过肠胃传播。人感染后经 7～14 天潜伏期突然发病，出现高烧、头痛、昏睡、外周型弛缓性麻痹等症状，病死率 30%，病后可获得持久的免疫力。

森林脑炎的流行有严格的季节性，每年 5 月上旬开始出现病人，6 月达到高峰，7～8月逐渐下降，呈散发状态；约80%的病例发生于5～6月，因好发于春夏之季，又被称为"春夏脑炎"。有专家推测，我国每年被蜱叮咬的人数约在300万，按1%的发病率计算，约有几万人发病，但临床报告没那么多，估计有不少病例被遗漏了。由此看来，本病人群普遍易感，但职业特点更为明显，林业工人、筑路工人和经常接触牛、马、羊的农牧民容易感染发病。被带有病毒的蜱叮咬后，大部分患者为隐性感染或轻型病例，仅有一小部分出现典型的症状，感染后可获得持久的免疫力。

知识小链接

蜱 虫

蜱虫属于寄螨目、蜱总科。成虫在躯体背面有壳质化较强的盾板，通称为硬蜱，属硬蜱科；无盾板者，通称为软蜱，属软蜱科。全世界已发现800余种，其中硬蜱科700多种，软蜱科约150种，纳蜱科1种。我国已记录的硬蜱科约100种，软蜱科10种。蜱是许多种脊椎动物体表的暂时性寄生虫，是一些人兽共患病的传播媒介和储存宿主。

森林脑炎病毒的微生物学检查方法与乙脑病毒相似。灭蜱和防蜱叮咬是预防森林脑炎的重点。林区工作的工作者应做好个人防护。目前在我国林区使用的灭活组织培养疫苗安全有效，减毒活疫苗正在研制中。

▶ 布尼亚病毒科

布尼亚病毒科是具球形、有包膜和分节段负链RNA的一科病毒。因首先从乌干达西部的布尼亚韦拉分离到本科的，代表种——布尼亚韦拉病毒而得名。直径90～100纳米，从包膜伸出许多糖蛋白突起，内有3个螺旋对称的核壳，分别含大、中、小3个RNA节段，多数具有3种主要的病毒粒蛋白质。

病毒粒成熟时芽生细胞在高尔基区表面光滑的小泡内或其附近。

根据血清学和有限的生物化学分析，已确定有 5 个属，即布尼亚病毒属、白蛉病毒属、内罗毕病毒属、汉坦病毒属和番茄斑萎病毒属。

该病毒的自然感染见于许多脊椎动物和节肢动物（蚊、蜱、白蛉等），可感染小鼠，并能在一些哺乳类、鸟类和蚊细胞培养中生长；对人可引起类似流感或登革热的疾病、出血热（立夫特谷热和克里米亚——刚果出血热等）及脑炎（加利福尼亚脑炎）等。有蚊媒、蜱媒、白蛉媒 3 种传播类型。有些病毒在其节肢动物媒介中，可经卵、交配或胚胎期传播。

广角镜

休 克

休克是各种强烈致病因素作用于机体，使循环功能急剧减退，组织器官微循环灌流严重不足，以至重要生命器官机能、代谢严重障碍的全身危重病理过程。休克是一急性的综合征。在这种状态下，全身有效血流量减少，微循环出现障碍，导致重要的生命器官缺血缺氧，即是身体器官需氧量与得氧量失调。休克不但在战场上，同时也是内外妇儿科常见的急性危重病症。

该病毒能引起伴有肾综合征出血热，临床特征是发烧、休克、出血和明显的肾损害症状，病人有发热期、低血压期、少尿期、多尿期、恢复期等 5 个病程，病死率 5% ~ 30%。分布于中国、朝鲜、俄罗斯、日本、斯堪的纳维亚半岛和东欧等地区。主要发生在青壮年人群中。宿主动物主要有黑线姬鼠或欧洲棕背。1981 年中国河南和山西发现的轻型出血热主要由褐家鼠传播。日本曾发生由大家鼠引起的城市型出血热，1975 年以来又

发现由大白鼠引起的出血热在实验室暴发。野鼠的尿、粪便或唾液污染皮肤伤口，或吸入扬起的被污染尘埃和食用被污染的饮料食物，均可引起感染。鼠体外寄生的革螨和恙螨曾被怀疑为媒介，但还缺乏病原学证据。1978 年用黑线姬鼠分离到病毒并适应于人肺癌细胞和非洲绿猴肾细胞 2 种传代细胞培养。病毒对黑线姬鼠和细胞培养均无明显的致病性，但用间接免疫荧光法可

测知其存在。本病毒为 RNA 病毒，对脂溶性溶剂敏感，不耐热（56℃）和酸（pH 值 5.0 以下），紫外线照射和一般清毒剂处理可灭活。提纯的病毒经免疫电镜观察，可见到直径 80 ~ 110 纳米的有膜球形颗粒，其形态符合布尼亚病毒科的特征。中国学者应用酶标抗体免疫电镜法，在感染细胞中见到直径 110 ~ 160 纳米的类似布尼亚病毒颗粒和大量胞质内包涵体，根据形态学认为是布尼亚病毒科的 1 个新属（即汉坦病毒属）。

◎ 森林脑炎病毒

　　森林脑炎病毒（简称森脑病毒）由蜱传播，在春夏季节流行于俄罗斯及我国东北森林地带。本病主要侵犯中枢神经系统，临床上以发热、神经症状为特征，有时出现瘫痪后遗症。

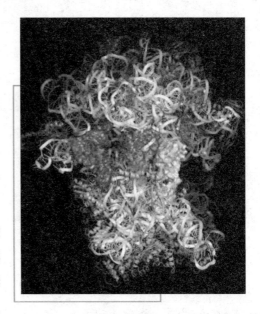

森林脑炎病毒

　　森林脑炎病毒呈球形，直径为 30 ~ 40 纳米，衣壳二十面体对称，外有包膜，含血凝素糖蛋白，核酸为单正链 RNA。抗原结构与中欧蜱传脑炎病毒相似，可能为同一病毒的 2 个亚型。森脑病毒形态结构、培养特性及抵抗力似乙脑病毒，但嗜神经性较强，接种成年小白鼠腹腔、地鼠或豚鼠脑内，易发生脑炎致死。接种猴脑内，可致四肢麻痹。也能凝集鹅和雏鸡的红细胞。

　　本病毒储存宿主为蝙蝠及哺乳动物（刺猬、松鼠、野兔等），这些野生动物受染后为轻症感染或隐性感染，但病毒血症期限有长有短，如刺猬约 23 天。蜱是森脑病毒传播媒介，又是长期宿主，其中森林硬蜱的带病毒率最高，成为主要的媒介。当蜱叮咬被感染的野生动物，吸血后病毒侵入蜱体内增殖，在其生活周期的各阶段，包括卵幼虫、稚虫、成虫都能携带本病毒，并可经卵传代。牛、马、狗、羊等家畜在自然疫源地受蜱叮咬而传染，并可把蜱带到居民点，成为人的传染源。

本病毒的致病性与乙脑病毒相同，非疫区易感人被带有病毒的蜱叮咬后，易感染发病。另外因喝生羊奶（羊感染时奶中有病毒或被蜱类污染）而被传染，经 8～14 天潜伏期后发生脑炎，出现肌肉麻痹、萎缩、昏迷致死等症状，少数痊愈者也常遗留肌肉麻痹等症状。居住在森林疫区的发生脑炎，出现肌肉麻痹、萎缩、昏迷致死，少数痊愈者也常遗留肌肉麻痹。居住在森林疫区的人，因受少量病毒的隐性感染，血中有中和抗体，对病毒有免疫力。病愈后皆产生持久的牢固免疫力。

知识小链接

隐形感染

隐性感染又称亚临床感染，是指病原体侵入人体后，仅引起机体产生特异性的免疫应答，不引起或只引起轻微的组织损伤，因而在临床上不显出任何症状、体征，甚至生化改变，只能通过免疫学检查才能发现。

森林脑炎病毒的分离病毒及血清学检验方法与乙脑相同。在疫区内调查森脑病毒时，可将小白鼠、小鸡、地鼠或猴关在笼内，置于森林中地上，引诱蜱来叮咬而传染，动物感染后虽可能不发病，但可根据测定血中有无产生特异性抗体而加以验证。

预防此病可以给去森林疫区的人接种灭活疫苗，效果良好。在感染早期注射大量丙种球蛋白或免疫血清可以防止发病或减轻症状。此外，应穿着防护衣袜，在皮肤上涂擦邻苯二甲酸酯，以防被蜱叮咬。

📌 痘病毒科

　　痘病毒科病毒是所有病毒中体积最大和结构最复杂的病毒，含有最大的DNA 分子。病毒颗粒含砖状 DNA 核心，围绕以数层薄膜。病毒在细胞质内复制和装配，此点与脊椎动物的其他 DNA 病毒不同。痘病毒能感染人和许多种动物，引起的多种疾病伴有化脓性皮肤损害。人感染后可引起全身性或局部性的痘疹。根据抗原性和形态学上的差异，本科分脊椎动物痘病毒和昆虫痘病毒 2 个亚科，并含一些未定属的痘病毒。和人类有密切关系的是脊椎动物痘病毒亚科的天花病毒、痘苗病毒、猴痘病毒以及未定属的传染性软疣病毒。

　　本科所有成员具有共同的核蛋白抗原，同一属的成员相互间有广泛交叉的中和反应，不同属的则没有。基因重组仅见于属内，非基因的复活在属内和属间均可发生。

　　脊椎动物痘病毒的形态有 2 种类型：①以痘苗病毒为代表，除副痘病毒属外，包含其他所有成员；②以口疮病毒（触染性脓疱皮炎病毒）为代表，包含副痘病毒属的所有成员。

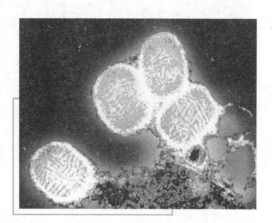

痘病毒科

　　以痘苗病毒为代表的痘病毒呈砖形，大小为（300～450）纳米×（170～260）纳米。病毒颗粒中央有一哑铃状核心，核心含有与蛋白质结合在一起的病毒 DNA，病毒颗粒外层由 2 层膜和圆柱形亚单位组成。核心两侧各有 1 个侧体。核心和侧体被包膜包裹，包膜是由磷脂、胆醇和蛋白质组成的二层膜，厚 20～30 纳米。膜上嵌有排列不规则的 7～15 纳米宽、100 纳米长的管形脂肪蛋白质亚单位，呈管状表面结构。

以口疮病毒为代表的痘病毒呈卵圆形或圆柱形，大小为（220～300）纳米×（140～170）纳米。核心和侧体较小。包膜上规律地盘绕一条长线，呈螺旋丝状表面结构，包膜和丝状结构较痘苗病毒的厚。

病毒核酸是双链 DNA，分子量（130～240）×10^{6}道尔顿，鸟嘌呤（G）和胞嘧啶（C）的碱基含量特别低，为 35%～40%。沉降系数约 5 000S，浮密度为 1.1～1.33 克/厘米^3。

病毒颗粒中有 30 种不同性质的多肽，其中 17 种与核心有联系。核心蛋白中含有转录酶、磷酸核苷酸水解酶和核酸酶。病毒颗粒的包膜是脂蛋白，主要含有卵磷脂。

知识小链接

卵磷脂

卵磷脂属于一种混合物，是存在于动植物组织以及卵黄之中的一组黄褐色的油脂性物质，其构成成分包括磷酸、胆碱、脂肪酸、甘油、糖脂、甘油三酸酯以及磷脂。卵磷脂被誉为与蛋白质、维生素并列的"第三营养素"。卵磷脂有时还是纯磷脂酰胆碱的同义词。

痘病毒不耐热，但在干燥状态下有较强的抵抗力。天花脓疱液经自然干燥后密封于瓶内，感染性可持续数月；天花痂皮在冷暗处保存 1 年可分离出病毒；天花病毒经冷冻干燥后在实验室可保存 20 年。痘苗病毒在悬液中经 60℃作用 10 分钟可被杀死；在干燥状态下可耐 100℃作用 10 分钟，在 37℃保存 1 个月痘苗效价不受影响。紫外线、α 射线、X 射线和 γ 射线均能杀死痘苗病毒。

正痘病毒属和禽痘病毒属的成员对乙醚有较强的耐受性，用乙醚处理痘苗，可杀死污染的细菌而保持痘苗病毒的感染性。其他属的成员则对乙醚敏感。天花病毒和痘苗病毒对 50% 中性甘油、酚和常用的消毒剂有抵抗，但对氧化剂如高锰酸钾则很敏感。痘苗病毒对酸敏感，在 pH 值为 3 的悬液中 1 小时即被灭活。

本科病毒可引起人和许多种动物患病，按自然感染宿主可分 5 组。Ⅰ组：仅感染人类，如天花病毒、传染性软疣病毒；Ⅱ组：感染人和非人类的灵长类动物，如猴痘病毒、塔纳痘病毒和亚巴猴瘤痘病毒；Ⅲ组：感染人和非灵长类的哺乳动物，如牛痘病毒、口疮病毒、假牛痘病毒、马痘病毒和牛脓疱口炎病毒；Ⅳ组：仅感染非人类的灵长类动物，如白痘病毒；Ⅴ组：仅感染非灵长类的脊椎动物，如山羊痘病毒属、野兔痘病毒属、禽痘病毒属和猪痘病毒属的成员以及鼠痘病毒、兔痘病毒等。

趣味点击　　猴痘

猴痘发生于非洲中西部雨林中的猴类，也可感染其他动物，偶可使人类受染，临床表现类似天花样，但病情较轻。这种疾病由猴痘病毒造成。它属于一个包括天花病毒、在天花疫苗中采用的病毒和牛痘病毒的病毒组。要与天花、水痘相鉴别。这种病毒可以通过直接密切接触由动物传染给人体，也可以在人与人之间传播，传染途径主要包括血液和体液。但是，猴痘的传染性远逊于天花病毒。

在痘病毒中，仅正痘病毒属的成员产生血凝素，并有交叉反应。血凝素是含类脂质的多形颗粒，直径 50 ~ 65 纳米，可与病毒颗粒分开。

◎ 天花病毒

天花病毒是人类天花的病原，属痘病毒科。

天花病毒和痘苗病毒的外形和大小十分相似，但多肽图和基因图结构不同。补体结合试验和中和试验不能区分天花病毒和痘苗病毒，用凝胶扩散试验或用吸附的抗血清则可检出它们之间的差别。病毒耐乙醚，产生血凝素。猴经注射或鼻内接种天花病毒后，可引起轻度的全身皮疹，但无死亡。天花病毒可在乳鼠脑内连续传代，对小白鼠的毒性比痘苗病毒低。

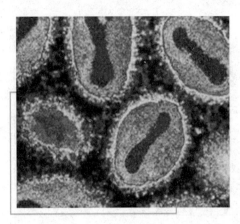

天花病毒

天花无动物储存宿主和作为媒介的昆虫，患者是唯一的传染源。患者在潜伏期无传染性。当患者出现皮疹时，呼吸道和口腔分泌物中含有大量病毒，随深呼气动作如咳嗽、喷嚏和高声说话而排出体外，污染空气和物品；患者的水疱液也可污染衣服和被褥。天花病毒对外界环境有较强的抵抗力，在痂皮内、物品上，甚至空气中能较长时间保持传染性。通过与患者直接接触或与污染物品间接接触而传播。在直接接触中主要是经空气气溶胶的呼吸道传染。天花病毒也可随空气传播到较远地方而引起传染。人对天花病毒普遍易感，但经过患病或接种痘苗后可获得很好免疫，一般可不再感染。

天花在临床上分 4 个类型。①普通天花：皮疹呈离心状分布，经丘疹、水疱、脓疱和结痂 4 期；占天花总数的 85%。②变形痘：发生于种过痘的人，皮疹发展迅速但不典型，数少且表浅，占 5% ~7%。③扁平天花：皮疹扁平状，触之柔软，发展缓慢，不形成脓疱，通常致死，亦占 5% ~7%。④出血性天花：皮肤及黏膜严重出血，通常在患病 5~7 天间突然死亡，仅占 1%。

◎痘苗病毒

痘苗病毒是一种大 DNA 病毒，属痘病毒科正痘病毒属，是在实验室内经动物培养、鸡胚培养或细胞培养增殖用于天花预防接种的病毒。由于痘苗病毒的使用时间很久，它的确切来源已不清楚；但在实验室通过杂交获得的天花－牛痘病毒杂交种被证明具有痘苗病毒的特性。

痘苗病毒有广泛的宿主范围，除人类外，牛犊、绵羊、家兔、猴、小白鼠、豚鼠都是易感动物。鸡胚经各种途径接种均可获得感染，能生长的细胞谱也很广。痘苗病毒对生活环境有较强的适应性，在实验室内易诱导发生变异。如嗜皮肤性的痘苗病毒经兔脑或鼠脑连续传代后可获得嗜神经性状；在细胞培养中连续传代，可降低对动物的毒力和失去产生血凝素的能力；降低细胞培养温度获得的变异株，在鸡胚尿囊膜上的痘疱形态和对温度的敏感性都有显著改变。

在抗原性上，痘苗病毒与天花病毒关系密切，种痘可以预防天花。人体接种痘苗病毒后，只在种痘部位引起局部的感染过程，从而获得免疫。但如痘苗病毒毒力过强，受种者免疫功能缺陷，或种痘时禁忌掌握不严，可发生各种并发症。

种痘部位的痘浆被移植至身体其他皮肤或黏膜部位，可引起局部的痘苗病毒感染；如移植至

你知道吗

眼　睑

　　眼睑俗称眼皮，位于眼球前方，构成保护眼球的屏障。眼睑分上睑和下睑，上、下睑之间的裂隙称睑裂。睑裂的内、外侧端分别称内眦和外眦。内眦呈钝圆形，附近有一微陷的空间，叫做泪湖，泪湖底上有蔷薇色的隆起称泪阜。上、下睑的内侧端各有一小突起，突起的顶部有一小孔，叫泪点，是泪小管的开始处。

眼睑，可在睑缘形成大小不等的，的痘疱或溃疡，发生角膜炎甚至导致失明。湿疹患者种痘或接触了痘苗，在湿疹部位和外表健康的皮肤上可引起感染，痘疱大小不等，常融合成片，严重者可致死。如受种者体液免疫应答迟缓，痘苗病毒通过血行散布全身，可引起全身性痘苗病毒感染。受种者细胞免疫功能缺陷，则可引起进行性痘苗病毒感染，痘疱持续增大，长久不愈，痘疱中央明显坏死，边缘呈白色堤状隆起。在身体其他部位也可出现类似的痘疱。此种感染虽是罕见，但病死率极高。孕妇初次种痘，亦可导致胎儿全身性痘苗病毒感染，造成死产或产后短时间内死亡。

治疗痘苗病毒感染，可肌肉注射高价痘苗免疫球蛋白，或输新近种痘成功者的血浆或全血。用近期种痘成功者的白细胞或淋巴结混悬液注射于进行

性痘苗病毒感染的皮损周围，可使溃疡很快愈合。

◎ 猴痘病毒

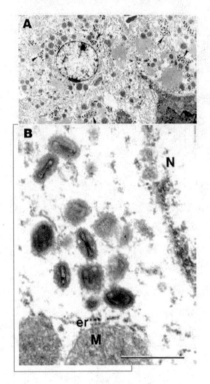

猴痘病毒

猴痘病毒是一种大 DNA 病毒，是猴痘的病原体，属痘病毒科正痘病毒属。血清学上与天花病毒、痘苗病毒有关。含有特异的猴痘抗原，在鸡胚尿囊膜上形成的痘疱因引起出血而呈粉红色。在家兔皮肤上可以传代。对小白鼠和鸡胚的毒力强。在猪胚肾细胞上不增殖。

1970 年在扎伊尔首次发现患猴痘的病人。人被猴痘病毒感染后，可引起全身性痘疹，临床上不能和天花区别，病愈恢复后也留有永久性的瘢痕。病死率可达 17% 。猴痘病毒在人与人之间的传播比较困难，在密切接触的易感者中，二代病例的发生率很低。

猴痘病例主要发生在非洲中西部的热带雨林地区，那里的居民有养猴和吃猴肉的习惯。接种痘苗可以预防猴痘病毒感染。

◎ 传染性软疣病毒

传染性软疣病毒是一种大 DNA 病毒，是传染性软疣的病原体，属痘病毒科（属未定）。传染性软疣病毒的形态和结构与痘苗病毒相似，但血清学上无联系。在鸡胚尿囊膜上不增殖，感染实验动物未成功，在人包皮和人羊膜细胞上能见到细胞病变，但不能连续传代。应用凝胶沉淀试验和免疫荧光技术可检测出抗体。

人感染传染性软疣病毒后，在手脚掌以外的所有皮肤表层发生散在的 2～5 毫米的结节，结节多至数百个，呈珍珠色，无痛。在结节顶端有一小孔，能见到其内部的白色髓核。结节中的细胞异常肥大，含有大而透明的嗜酸性胞质块，称软疣小体。软疣小体被海绵状间质分隔成许多腔，腔中

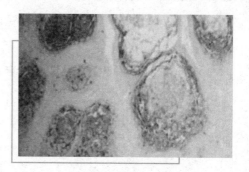

传染性软疣病毒

的病毒颗粒集合成团块。感染能持续几个月。

　　人类为已知的自然宿主，各种年龄组均可感染，以儿童居多。分布于世界各地，通过直接接触或间接接触传播。

◑ 丝状病毒科

◎ 马尔堡病毒

　　该病毒于 1967 年秋首次在联邦德国马尔堡等地的实验工作人员中同时发生流行，共发生 31 例。其中原发病例 25 人都是曾接触从非洲乌干达运入的长昆绿猴的实验工作人员，死亡 7 例。继发病例 6 人，无死亡。因此，本病被称为马尔堡病或绿猴病。另外，1975 年在南非约翰内斯堡又发生 1 例，死亡，未曾同猴接触。继发病例 2 人，都恢复。

　　马尔堡病毒颗粒在电镜下呈弯曲的条状、丝状或柱状，带卷曲或有分支，形似线状。直径 65～90 纳米，长度 130～2 600 纳米（平均 665 纳米）。内部结构为一螺旋形环绕的核心，其直径为 45 纳米。外部为一层有表面突起的包膜，厚度为 20 纳米。有间隔为 5 纳米的横纹。

　　在室温或 4℃ 的条件下保存 5 周，病毒滴度很少下降，8 周后显著下降。

在 –70℃ 的条件下保存几年，感染力不下降。在 60℃ 条件下作用 30 分钟或在 56℃ 条件下作用 60 分钟可以使病毒灭活。对乙醚、氯仿和去氧胆酸敏感。在室温下 10% 福尔马林作用 1 小时可使病毒感染力丧失。在 4℃ 条件下丙烯内脂作用 24 小时可以灭活病毒。抗原成分不明。含有脂蛋白。没有血凝素和血溶素。能被特异性抗血清中和。可以感染的动物器官或组织培养制备补体结合抗原。可用直接或间接免疫荧光法检测病毒抗原。

知识小链接

乙 醚

　　无色透明液体。有特殊刺激气味，带甜味。极易挥发。其蒸气重于空气。在空气的作用下能氧化成过氧化物、醛和乙酸，暴露于光线下能促进其氧化。当乙醚中含有过氧化物时，在蒸发后所分离残留的过氧化物加热到 100℃ 以上时能引起强烈爆炸。

　　马尔堡病毒是通过腹腔内接种豚鼠首次分离出来的。接种的豚鼠高热，10 日后恢复。传代后疾病变重，病死率高。第 3 代豚鼠血内病毒浓度很高。可以感染南非洲小猴和恒河猴，引起病毒血症、发热和严重的疾病，5~25 日后死亡。在尿中，病毒浓度很高。猴间接触可以传染，15~36 日后死亡。也可通过气雾传染。可以经豚鼠传 9 代和经猴传 3 代后适应于地鼠。经地鼠传 9 代后，使新生地鼠发生致死性脑炎。经地鼠传 3 代后，接种新生小白鼠，3~4 周内死于脑炎，脑病灶中有细胞质内包涵体。病毒可以通过胸腔内接种埃及伊蚊传代。在感染动物中病毒的增殖，可用病毒分离、免疫荧光技术、电镜

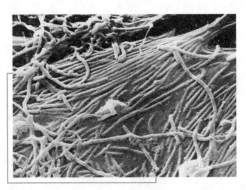

马尔堡病毒

观察和抗体检测来确定。

　　马尔堡病毒在原代南非洲小猴肾、恒河猴肾、人羊膜、鸡成纤维细胞和豚鼠成纤维细胞培养中可以复制。

　　马尔堡病在 2 次流行中，共发生 34 例病人。第一次流行发生于 1967 年 7 月 20 日到 8 月 10 日。曾从乌干达空运 500 ~ 600 只绿猴到马尔堡和法兰克福及南斯拉夫贝尔格莱德的 3 个研究机构。发生的病例都是同绿猴的血或其脏器（特别是肾脏）接触的人。在用手术去除猴脏器的 29 人中 20 人得病。在做组织培养工作的 15 人中 5

拓展阅读

潜伏期

　　潜伏期是指从病原体侵入人体起，至开始出现临床症状为止的时期。各种传染病的潜伏期不同，数小时、数天、数月甚至数年不等。非典型肺炎的潜伏期约为 3 ~ 12 天，通常在 4 ~ 5 天。

人得病。6 例是同这些病人接触而得病的。传播可以通过破伤的皮肤或黏膜，也可能通过埃及伊蚊叮咬。传染媒介物一般是发热期的血液，也可能是同病人接触过的物品。有 1 例病人在发病后 12 周通过精液传染其妻。咽分泌物和尿只有低浓度的病毒。第二次流行发生于 1975 年 2 月。在南非约翰内斯堡有 3 人得病。第 1 例是在罗得西亚短期的旅游者，未曾同猴接触，在旅游露宿时曾被虫叮咬。发病后 7 日，其同伴患病。还传染 1 名护理他的护士，潜伏期 7 日。马尔堡病的传染源还不清楚。传播与长尾绿猴直接有关，但仍不能肯定就是天然的储存宿主。迄今还没有证据证明哪种动物或昆虫是储存宿主或传播媒介。

　　关于马尔堡病毒只有 2 次流行报告。未见有再感染的病例。曾感染本病毒而存活的豚鼠，再次受攻击后不再发热，表明已获得免疫力。病人和实验感染的动物都产生中和抗体、补体结合抗体和免疫荧光试验测得的抗体。补体结合抗体常在感染 1 ~ 2 周后达高峰，第 8 周开始下降，2 年后仍可测出低水平抗体。免疫荧光试验测得的抗体在发病 1～2 周后达高峰，其滴度比补体结合抗体滴度高 4 倍，下降缓慢，8 年后仍有较高的滴度。尚无检测中和抗体的满意方法。抗体可以通过胎盘传递，这种被动免疫在 3 个月内消失。

马尔堡病的潜伏期是 3～9 天，发病突然。早期症状是高热、剧烈头疼、眼结膜充血、全身疼痛、疲倦。稍后出现恶心、呕吐，继以大量腹泻。在病的第 4 或 5 天皮肤出现特殊的斑丘疹，迅速融合成弥漫性红斑，以臀部、躯干和四肢的外侧为多。第 10 天皮疹消失，2 周后四肢、手掌和脚掌脱皮。第一次流行中病人的软腭和硬腭有深红色黏膜疹。发热高达 38℃～40℃，持续 5～7 天。在病后第 5～7 天，部分病人发生出血，常见的是胃肠道或肺出血。严重病例有中枢神经系统损害表现。南非洲的病例有肝炎和肝功能衰竭，伴有弥漫性血管内凝血。严重病例很快呈现恶病质，死亡前有广泛性出血、无尿和休克等症状。急性期持续 14～16 日，以后进入恢复期。恢复缓慢，有周期性头疼，可以有脱发。在早期，白细胞和血小板减少，凝血时间延长。纤维蛋白原和转氨酶升高。

知识小链接

血小板

血小板是哺乳动物血液中的有形成分之一。形状不规则，比红细胞和白细胞小得多，无细胞核，它有质膜，没有细胞核结构，一般呈圆形，体积小于红细胞和白细胞。血小板在长期内被看作是血液中的无功能的细胞碎片。血小板具有特定的形态结构和生化组成，在正常血液中有较恒定的数量（如人的血小板数为每立方毫米 10～30 万），在止血、伤口愈合、炎症反应、血栓形成及器官移植排斥等生理和病理过程中有重要作用。血小板只存在于哺乳动物血液中。

诊断可用补体结合试验或免疫荧光技术检测急性期到恢复期血清内抗体。用腹腔内接种豚鼠法从血液或肝、脾、肾、淋巴结、心、肺等组织分离病毒。用电镜法检查血、肝组织等材料中的病毒颗粒，将材料接种细胞培养后，用免疫荧光技术检测细胞质内病毒抗原。检查肝组织切片中细胞质内包涵体。

要预防马尔堡病应避免接触感染动物；对病人采取严格隔离措施；对污染的环境和物品进行彻底消毒。可注射恢复期的血浆或采用支持疗法。

◎ 埃博拉病毒

埃博拉病毒是一种能引起人类和灵长类动物产生埃博拉出血热的烈性传染病病毒，死亡率为 50%～90%。埃博拉病毒的名称出自非洲扎伊尔的"埃博拉河"。

这是一种十分罕见的病毒，1976 年在苏丹南部和扎伊尔（即现在的刚果）的埃博拉河地区发现它的存在后，引起医学界的广泛关注和重视，"埃博拉"由此而得名。在这次暴发中，共有 602 个感染案例，有 397 人死亡。其中扎伊尔 284 例感染，有 117 例死亡；苏丹有 318 例感染，280 例死亡。

"埃博拉"病毒的形状宛如中国古代的"如意"，极活跃，病毒主要通过体液，如汗液、唾液或血液传染，潜伏期为 2 天左右。感染者均是突然出现高烧、头痛、咽喉疼、虚弱和肌肉疼痛。然后是呕吐、腹痛、腹泻。发病后的 2 星期内，病毒外溢，导致人体内外出血、血液凝固，坏死的血液很快传及全身的各个器官，病人最终出现口腔、鼻腔和肛门出血等症状，患者可在 24 小时内死亡。

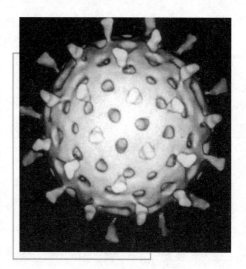

埃博拉病毒

埃博拉共有 4 种亚型。两种分别命名为埃博拉－扎伊尔和埃博拉－苏丹，在 1976 年被确认。相对于扎伊尔亚型的 90% 的死亡率，在苏丹暴发的埃博拉亚型的死亡率较低，约为 50%。

更进一步的暴发发生在刚果扎伊尔（1995 年和 2003 年）、加蓬（1994

年，1995年和1996年）以及乌干达（2000年）。

在大约1 500例确诊的埃博拉案例中，死亡率高达88%。

埃博拉是人畜共通病毒，尽管世界卫生组织苦心研究，至今没有辨认出任何有能力在暴发时存活的动物宿主，目前认为果蝠是病毒可能的原宿主。因为埃博拉的致命力，加上目前尚未有任何疫苗被证实有效，埃博拉被列为生物安全第四级病毒，也同时被视为是生物恐怖主义的工具之一。

趣味点击

果 蝠

果蝠是最大的蝙蝠，有些翼幅长达2米。又名飞狐。体型较大，第1、2指均有爪。眼大，尾较短，不为皮膜所包被。在黎明和黄昏外出觅食果实和花蕊中的汁液，对果树造成一定的危害。主要分布在热带和亚热带。中国的种类不多，仅限于华南各省。

病毒引起的疾病

　　本章介绍病毒性疾病方面的有关知识，包括病毒学基础知识，病毒性疾病的病因、预防、诊断及治疗过程中可能遇到的各种问题。对目前较多见的病毒性疾病进行了重点介绍。

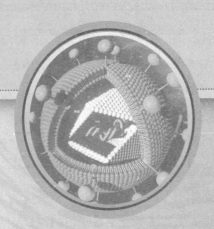

呼吸道病毒感染性疾病

◎ 急性上呼吸道感染

急性上呼吸道感染是鼻腔、咽或喉部急性炎症的概称。常见病原体为病毒，少数是细菌。其发病无年龄、性别、职业和地区差异。一般病情较轻，病程较短，预防后效果良好。但由于发病率高，它具有一定的传染性，不仅影响生产劳动力，有时还可产生严重并发症，应积极防治。

基本小知识

病原体

病原体指可造成人或动物感染疾病的微生物（包括细菌、病毒、立克次氏体、寄生虫、真菌）或其他媒介（微生物重组体包括杂交体或突变体）。

本病全年皆可发病，但以冬春季节高发，可通过含有病毒的飞沫或被污染的手和用具传播，多为散发，但可在气候突变时流行。由于病毒的类型较多，人体对各种病毒感染后产生的免疫力较弱且短暂，并无交叉免疫，同时在健康人群中有病毒携带者，故1个人1年内可多次发病。

急性上呼吸道感染约有 70% ~80% 由病毒引起。细菌感染可直接或继发于病毒感染之后发生，以溶血性链球菌为多见，其次为流感嗜血杆菌、肺炎链球菌和葡萄球菌等。当有受凉、淋雨、过度疲劳等诱发因素，使全身或呼吸道局部防御功能降低时，原已存在于上呼吸道或从外界侵入的病毒或细菌可迅速繁殖，引起本病，尤其是老幼体弱或有慢性呼吸道疾病（如鼻窦炎、扁桃体炎）者更易罹患。

◎ 急性支气管炎

急性支气管炎是病毒或细菌等病原体感染所致的支气管黏膜炎症。是婴幼儿时期的常见病、多发病，往往继发于上呼吸道感染之后，也常为肺炎的早期表现。本病多同时累及气管、支气管，故正确命名应为急性气管支气管炎。临床以咳嗽伴（或不伴）有支气管分泌物增多为特征。

急性支气管炎病因

急性支气管炎的病原体为各种病毒或细菌，多在病毒感染的基础上继发细菌感染。常见的病毒为鼻病毒、呼吸道合胞病毒、流感病毒、副流感病毒及风疹病毒等。常见的细菌有肺炎球菌、p-溶血性链球菌、葡萄球菌、流感杆菌、百日咳杆菌及支原体等。

你知道吗

支原体

支原体又称霉形体，为目前发现的最小的最简单的原核生物。支原体细胞中唯一可见的细胞器是核糖体（支原体是原核细胞，原核细胞的细胞器只有核糖体）。

急性感染性支气管炎，多流行于冬季，常为急性上呼吸道感染的一部分。可发生于普通感冒或鼻、咽喉及气管、支气管树的其他病毒感染之后，常伴发继发性细菌感染。引起急性支气管炎的病毒包括腺病毒、冠状病毒、流感病毒 A 和 B、副流感病毒、呼吸道合胞病毒、柯萨奇病毒 A21、鼻病毒和引起风疹和麻疹的病毒。肺炎支原体、百日咳杆菌和肺炎衣原体也可引起急性感染性支气管炎，常见于年轻人。营养不良和接触空气中的污染物是诱发因素。有慢性支气管炎的病人支气管清除机制受损，常反复发生支气管炎。复发还可能与慢性鼻窦炎、支气管扩张症、支气管过敏及儿童的扁桃体增大和腺样增殖体有关。

急性刺激性支气管炎的致病因素可能有各种矿物、植物、粉尘；强酸、氨、某些挥发性有机溶剂、氯、硫化氢、二氧化硫或溴化物的气味；环境刺激物、臭氧和二氧化氮或烟草制品。

咳嗽变异型哮喘。这类哮喘的支气管收缩程度不足以引起显著的哮鸣音，其原因可能是有特应性体质的人吸入变应原，或在气道高反应性相对轻微时慢性接触刺激物。其处理方法与普通哮喘相似。

病理学和病理生理学

黏膜充血是早期改变，接着出现脱屑、水肿、黏膜下层白细胞浸润和黏稠或黏液脓性分泌物产生。支气管纤毛、巨噬细胞和淋巴管的防御功能障碍，细菌得以侵犯正常时无菌的支气管，继而细胞碎片以及黏液脓性分泌物积聚。咳嗽对于排除支气管分泌物是必需的。支气管壁水肿、分泌物潴留以及某些病人的支气管平滑肌痉挛，可致气道阻塞。

> **趣味点击**
>
> **水 肿**
>
> 水肿是指血管外的组织间隙中有过多的体液积聚，为临床常见症状之一。水肿是全身气化功能障碍的一种表现，与肺、脾、肾、三焦各脏腑密切相关。依据症状表现不同而分为阳水、阴水二类，常见于肾炎、肺心病、肝硬化、营养障碍及内分泌失调等疾病。

◎ 病毒性肺炎

急性呼吸道感染中，病毒感染占90%，而病毒感染则以上呼吸道为主，有普通感冒、咽炎、细支气管炎、婴儿疱疹性咽峡炎以及流行性胸痛等。引起肺炎的病毒不多见，其中以流行性感冒病毒为常见，其他为副流感病毒、巨细胞病毒、腺病毒、鼻病毒、冠状病毒和某些肠道病毒，如柯萨奇、埃可病毒等，以及单纯疱疹、水痘－带状疱疹、风疹、麻疹等病毒。婴幼儿还常由呼吸道合胞病毒感染产生肺炎。病毒性肺炎多发生于冬春季节，可散发流行或暴发。在非细菌性肺炎中，病毒感染占25%～50%，患者多为儿童，成人相对少见。单纯疱疹病毒、水痘－带状疱疹病毒、巨细胞病毒等都可引起严重的肺炎。病毒性肺炎为吸入性感染，通过人与人的飞沫传染，主要是由上呼吸道病毒感染向下蔓延所致，常伴气管－支气管炎，家畜如马、猪等有时带有某种流行性感冒病毒，偶见接触传染。粪经口传染见于肠道病毒，呼吸道合胞病毒通过尘埃传染。器官移植的病例可以通过多次输血，甚至供者的器官引起病毒。

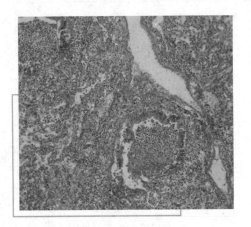

病毒性肺炎

🔘 皮肤疱疹病毒感染性疾病

◎ 单纯疱疹

单纯疱疹是一种由单纯疱疹病毒所致的病毒性皮肤病。中医称之为热疮。

病因学

本病是由 DNA 病毒的单纯疱疹病毒所致。人类单纯疱疹病毒分为 2 型，即单纯疱疹病毒Ⅰ型（HSV-Ⅰ）和单纯疱疹病毒Ⅱ型（HSV-Ⅱ）。Ⅰ型主要引起生殖器以外的皮肤、黏膜（口腔黏膜）和器官（脑）的感染。Ⅱ型主要引起生殖器部位皮肤黏膜感染。此两型可用荧光免疫检查及细胞培养法相鉴别。

人是单纯疱疹病毒的唯一自然宿主。病毒经呼吸道、口腔、生殖器黏膜以及破损皮肤进入体内，潜居于人体正常黏膜、血液、唾液及感觉神经节细胞内。原发性感染多为隐性，大多无临床症状或呈亚临床表现，仅有少数可出现临床症状。原发感染发生后，病毒可长期潜伏于体内。正常人群中有50%以上为本病毒的携带者。单纯症疹病毒在人体内不产生永久免疫力，每当机体抵抗力下降时，如发热、胃肠功能紊乱、月经、妊娠、病灶感染和情绪改变时，体内潜伏的单纯疱疹病毒被激活而发病。

知识小链接

唾 液

唾液是一种无色且稀薄的液体，被人们俗称为口水，虽然在古代被称为"金津玉液"，现代却向来给人有不洁不雅之感。

研究证明，复发性单纯疱疹患者可有细胞免疫缺陷。一般认为HSV－Ⅱ型与宫颈癌发生有关。

◎水 痘

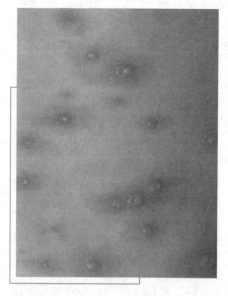

水 痘

水痘是由水痘——带状疱疹病毒初次感染引起的急性传染病。传染率很高。主要发生在婴幼儿，以发热及成批出现周身性红色斑丘疹、疱疹、痂疹为特征。

病原学

其外为二十面体核衣壳，衣壳表面有一层脂蛋白包膜，内含补体结合抗原，不含血凝素或溶血素。

本病毒仅有1个血清型，可在人胚纤维母细胞、甲状腺细胞中繁殖，产生局灶性细胞病变，细胞核内出现嗜酸性包涵体和多核巨细胞。人为唯一的宿主。

水痘——带状疱疹病毒生存能力较弱，不耐高温，不能在痂皮中存活，易被消毒剂灭活。但能在疱疹液中在 $-65℃$ 的条件下存活 8 年。

病毒先在上呼吸道繁殖，少量病毒侵入血中在单核吞噬系统中繁殖，再次大量进入血液循环，形成第二次病毒血症，侵袭皮肤及内脏，引起发病。

流行病学

拓展阅读

甲状腺

　　甲状腺是脊椎动物非常重要的腺体，属于内分泌器官。在哺乳动物体内，它位于颈部甲状软骨下方，气管两旁。人类的甲状腺形似蝴蝶，犹如盾甲，故名。随着社会的发展，生活水平的不断提高，现在女性患甲状腺病者不断攀升，据统计以每年 0.3% 的比例增加。

水痘传染性强。患者为主要传染源，出疹前 1~2 天至出疹后 1 周都有传染性。儿童与带状疱疹患者接触亦可发生水痘，因二者病因同一。传播途径主要是呼吸道飞沫或直接接触传染。也可通过接触被污染的用物间接传染。

本病以冬春季发病为主，发病对象主要为 2~10 岁的儿童。人群普遍易感，但一次发病可终身免疫。

（1）传染源：水痘患者为主要传染源，自水痘出疹前 1~2 天至皮疹干燥结痂时，均有传染性。易感儿童接触带状疱疹患者，也可发生水痘，但少见。

（2）传播途径：主要通过飞沫和直接接触传播。在近距离、短时间内也可通过健康人间接传播。

（3）易感人群：普遍易感。但学龄前儿童发病最多。6 个月以内的婴儿由于获得母体抗体，发病较少；妊娠期间患水痘可感染胎儿。病后获得持久免疫，但可发生带状疱疹。

（4）流行特征：全年均可发生，冬春季多见。本病传染性很强，易感者接触患者后约90%发病，故幼儿园、小学等儿童集体机构易引起流行。

发病原理和病理解剖

病毒由呼吸道侵入，在黏膜上生长繁殖后入血及淋巴液，在网状内皮细胞系统再次增殖，侵入血液引起第二次病毒血症和全身病变，主要损害部位在皮肤，皮疹分批出现与间歇性病毒血症有关。随后出现特异性免疫反应，病毒血症消失，症状缓解。当免疫功能低下时，易发生严重的全身播散性水痘。有的病例病变可累及内脏。部分病毒沿感觉神经末梢传入。长期潜伏于脊神经后根神经节等处，形成慢性潜伏性感染。机体免疫力下降时病毒被激活，导致神经节炎，并沿神经下行至相应的皮肤节段，造成簇状疱疹及神经痛，称为带状疱疹。

你知道吗

溃疡

溃疡是皮肤或黏膜表面组织的局部性缺损、溃烂，其表面常覆盖有脓液、坏死组织或痂皮，愈后遗有瘢痕，可由感染、外伤、结节或肿瘤的破溃等所致，其大小、形态、深浅、发展过程等也不一致。常合并慢性感染，可能经久不愈。如胃溃疡、十二指肠溃疡、小腿慢性溃疡等。

水痘病变主要在表皮棘细胞。细胞变性、水肿形成囊状细胞，后者液化及组织液渗入形成水疱，其周围及基底部有充血、单核细胞和多核巨细胞浸润，多核巨细胞核内有嗜酸性包涵体。水疱内含大量病毒。开始时透明，后因上皮细胞脱落及白细胞侵入而变浊，继发感染后可变为脓疱。皮肤损害程度浅，脱痂后不留瘢痕。黏膜疱疹易形成溃疡，亦易愈合。水痘个别病例病变可累及肺、食管、胃、小肠、肝、肾上腺、胰等处，引起局部充血、出血、炎细胞浸润及局灶性坏死。带状疱疹受累的神经节可出现炎细胞浸润、出血、灶性坏死及纤维性变。

➡️ 带状疱疹

　　带状疱疹是由水痘－带状疱疹病毒引起的急性炎症性皮肤病，中医称为"缠腰火龙""缠腰火丹"，俗称"蜘蛛疮"。其主要特点为簇集水泡，沿一侧周围神经作群集带状分布，伴有明显神经痛。初次感染表现为水痘，以后病毒可长期潜伏在脊髓后根神经节，免疫功能减弱可诱发水痘带状疱疹病毒再度活动，生长繁殖，沿周围神经波及皮肤，发生带状疱疹。带状疱疹患者一般可获得对该病毒的终生免疫。但亦有反复多次发作者。

➡️◎ 带状疱疹的病因

　　是由水疱－带状疱疹病毒所致。对此病毒无免疫力的儿童被感染后，发生水痘。部分患者被感染后成为带病毒者而不发生症状。由于病毒具有亲神经性，感染后可长期潜伏于脊髓神经后根神经节的神经元内，当抵抗力低下或劳累、感染、感冒发烧、生气上火等，病毒可再次生长繁殖，并沿神经纤维移至皮肤，使

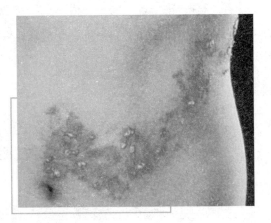

带状疱疹

受侵犯的神经和皮肤产生激烈的炎症。疱疹一般有单侧性和按神经节段分布的特点，由集簇性的疱疹组成，并伴有疼痛；年龄愈大，神经痛愈重。

➡️◎ 带状疱疹病理改变

　　皮肤的病变主要在表皮，水疱位于表皮的深层，在疱内及边缘处可见明

显肿胀的气球状表皮细胞。在变性的细胞核中可见嗜酸性核内包涵体。与疱疹相应的神经节内也有病变，表现为脊髓后柱节段性脊髓灰白质炎，神经节和神经后根有剧烈炎症反应。真皮内的感觉神经纤维在疱疹出现后不久也出现明显变性。

◎ 带状疱疹流行病学

带状疱疹在无或低免疫力的人群，如婴幼儿中引起原发感染，即为水痘。

病毒感染后以潜伏形式长期存在于脊神经或颅神经的神经节细胞中，被某些因素激活后，病毒从 1 个或数个神经节沿相应的周围神经到达皮肤，引起复发感染，即带状疱疹。

患原发水痘后能再发带状疱疹，但带状疱疹发生后很少复发，这与前者发病后产生不完全免疫及后者发病后产生完全持久性免疫有关。

带状疱疹常呈散发性，与机体免疫功能有关。老年人，局部创伤、系统性红斑狼疮、淋巴瘤、白血病，以及较长期接受皮质激素、免疫抑制剂和放射治疗的病人，较正常人明显易感，且病程迁延，病情较重，后遗神经痛也较突出。

病毒性脑膜炎

脑膜炎是一种娇嫩的脑膜或脑脊膜（头骨与大脑之间的一层膜）被感染的疾病。此病通常伴有细菌或病毒感染身体任何一部分的并发症，比如耳部、窦或上呼吸道感染。细菌型脑膜炎是一种特别严重的疾病，需及时治疗。如果治疗不及时，可能会在数小时内死亡或造成永久性的脑损伤。病毒型脑膜炎虽比较严重，但大多数人能完全恢复，少数遗留后遗症。

脑膜炎比较罕见，在美国，每年发病少于 3 000 例，大多数为 2 岁以下的婴儿。开始的症状类似感冒，如发热、头痛和呕吐，接下来出现嗜睡和颈部疼痛的症状，特别是向前伸脖子时痛。小孩子经常因弓后背时感到疼痛。流行性乙型脑炎会有暗红色或浅紫色淤点布满全身。儿童会因大脑炎导致颅内压升高造成囟门突出（婴儿头顶骨未合缝的柔软的地方）。脑膜炎可在居住一起的人群中传染，比如在学生宿舍内。脑膜炎，特别是细菌型脑膜炎很少暴发。尽管从1991年后暴发增加，但至今弄不清原因。

广角镜

流行性乙型脑炎

流行性乙型脑型是由乙脑病毒引起、由蚊虫传播的一种急性传染病。乙脑的病死率和致残率高，是威胁人群特别是儿童的主要传染病之一。乙脑是人畜共患的自然疫源性疾病，人与动物都可成为本病的传染源。

◎病　因

细菌性脑膜炎是因某种细菌传染造成。分 3 种类型，即流感嗜血杆菌 B 型、脑膜炎奈瑟菌（双球菌）和肺炎链球菌（肺炎双球菌）。在美国流行的脑膜炎大约 80% 是细菌性脑膜炎。通常一小部分健康人鼻内或体表携带这些病菌但并不侵害人体，通过咳嗽或打喷嚏传播。一些研究指出，人们最易在患感冒时被病菌传染，因为鼻子发炎使细菌进入颅内变得极为容易。

结核性脑膜炎是由结核杆菌引起的脑膜非化脓性炎症，约占全身性结核病的 6%。结核分支杆菌感染经血播散后在软脑膜下种植形成结核结节，结节破溃后大量结核菌进入蛛网膜下腔。近年来，结核性脑膜炎的发病率及死亡率都有增高趋势。早期诊断和治疗可提高疗效，减少死亡率。

病毒性脑膜炎可由几种病毒引起，包括几种与腹泻有关的病毒，其中之一可能是被大田鼠等咬后感染。

隐球菌性脑膜炎还可由真菌引起。最为常见的一种是隐球菌，可在鸽子类中找到。健康人不易患与真菌有关的脑膜炎，但对那些被 HIV 病毒感染的人则不一样，这是一种可以引起艾滋病的人类免疫缺陷性病毒。

蛛网膜

蛛网膜，由很薄的结缔组织构成。是一层半透明的膜，位于硬脑膜深部，其间有潜在性腔隙为蛛网膜下隙。腔内含有少量液体。蛛网膜跨越脑，被覆于脑的表面，与软脑膜之间有较大的间隙，称为网膜下腔，腔内充满脑脊液。

EB 病毒感染性疾病

◎ 传染性单核细胞增多症

传染性单核细胞增多症是由 EB 病毒（EBV）所致的急性自限性传染病。其临床特征为发热、咽喉炎、淋巴结肿大、外周血淋巴细胞显著增多并出现异常淋巴细胞，嗜异性凝集试验阳性，感染后体内出现 EBV 抗体。

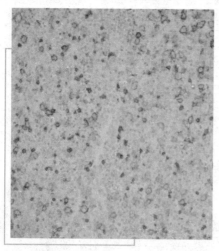

传染性单核细胞

病原学

EBV 属疱疹病毒群。1964 年从非洲恶性淋巴瘤的细胞培养中首先发现。病毒呈球形，直径约 180 纳米，衣壳表面附有脂蛋白包膜，核心为双股 DNA。

本病毒对生长环境要求极为特殊，故病毒分离较困难。但在培养的淋巴细胞中用免疫荧光或电镜法可检出本病毒。EBV 有嗜 B 细胞特性并可作为其致裂原，使 B 淋巴细胞转为淋巴母细胞。

流行病学

（1）传染源：带病毒者及病人为本病的传染源。健康人群中带病毒率约为 15%。

（2）传播途径：80% 以上患者鼻咽部有 EB 病毒存在，恢复后 15% ~ 20% 可长期咽部带病毒。经口鼻密切接触为主要传播途径，也可经飞沫及输血传播。

（3）易感人群：人群普遍易感，但儿童及青少年患者更多见。6 岁以下幼儿患本病时大多表现为隐性或轻型发病。15 岁以上感染则多呈典型发病。病后可获持久免疫，第二次发病不常见。

病因学

EB 病毒为本病的病原，电镜下 EB 病毒的形态结构与疱疹病毒组的其他病毒相似，但抗原性不同。EB 病毒为 DNA 病毒，完整的病毒颗粒由类核、膜壳、壳微粒、包膜所组成。类核含有病毒 DNA；膜壳是二十面体立体对称外形由管状蛋白亚单位组成；包膜从

趣味点击　类核

原核细胞中 DNA 所在区域，它类似于真核细胞的核，但它在任何时候都不被包围在一个膜内。含有核苷酸丝的类似区域也见于叶绿体和线粒体内。

宿主细胞膜衍生而来。EB 病毒对生长环境要求极为特殊，仅在非洲淋巴瘤细胞、传单患者血液、白血病细胞和健康人脑细胞等培养中繁殖，因此病毒分离困难。

EB 病毒有 6 种抗原成分，如膜壳抗原、膜抗原、早期抗原（可再分为弥散成分 D 和局限成分 R）、补体结合抗原（即可溶性抗原 S）、EB 病毒核抗

原、淋巴细胞检查的膜抗原，前 5 种均能产生各自相应的抗体；最后一种抗原则尚未测出相应的抗体。

发病机理

其发病原理尚未完全阐明。病毒进入口腔先在咽部的淋巴组织内进行复制，继而侵入血循环而致病毒血症，并进一步累及淋巴系统的各组织和脏器。因 B 细胞表面具 EB 病毒的受体，故先受累及，导致 B 细胞抗原性改变，继而引起 T 细胞的强烈反应，后者可直接对抗被 EB 病毒感染的 B 细胞。周围血中的异常淋巴细胞主要是 T 细胞。

病理改变

对本病的病理变化尚了解不多。其基本的病毒特征是淋巴组织的良性增生。淋巴结肿大但并不化脓，肝、脾、心肌、肾、肾上腺、肺、中枢神经系统均可受累及，主要为异常的多形性淋巴细胞侵润。

◎ 恶性淋巴瘤

恶性淋巴瘤

恶性淋巴瘤是淋巴结和结外部位淋巴组织的免疫细胞肿瘤，来源于淋巴细胞或组织细胞的恶变。在我国恶性淋巴瘤虽相对少见，但近年来新发病例逐年上升，每年至少超过 25 000 例，而在欧洲、美洲等西方国家的发病率略高于各类白血病的总和。在美国每年至少发现新病例 3 万以上。我国恶性淋巴瘤的死亡率占所有恶性肿瘤死亡位数的第 11 ~ 13 位，与白血病相仿。而且，恶性淋巴瘤在我国具有一些特点：①中部沿海地区的发病和死亡率较高；②发病年龄曲线高峰在40 岁左右，没有欧美国家的双峰曲线，而与日本相似呈一单峰；③霍奇金淋巴瘤所占的比例低于欧美国家，但有增高趋向；④在霍奇金淋巴瘤中滤泡型所占比例很低，弥漫型占绝大多数；⑤近十年的资料表明，我国的 T 细胞淋巴瘤占淋巴瘤总数的 34％，与日本相近，远多于欧美国家。

◆ 麻　疹

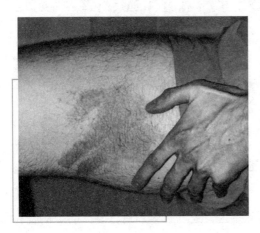

麻疹患者

　　麻疹是以往儿童最常见的急性呼吸道传染病之一，其传染性很强，在人口密集而未普种疫苗的地区易发生流行，约 2～3 年发生一次大流行。临床上的症状有发热、上呼吸道炎症、眼结膜炎等，以皮肤出现红色斑丘疹和颊黏膜上有麻疹黏膜斑及疹退后遗留色素沉着伴糠麸样脱屑为特征。我国自 1965 年，开始普种麻疹减毒活疫苗后已控制了麻疹的大流行。

基本小知识

眼结膜炎

　　结膜炎是常见的眼科疾病，俗称红眼病。由于大部分结膜与外界直接接触，因此容易受到环境中感染性（如细菌、病毒等）和非感染性因素（外伤、化学物质及物理因素等）的刺激。

◎ 病毒分析

麻疹病毒属副黏病毒科，为单股负链 RNA 病毒，与其他的副黏膜不同之处为无特殊的神经氨酸酶呈球形颗粒，麻疹病毒电镜下呈球形，直径约 100 ~ 250 纳米，衣壳外有囊膜，囊膜有血凝素，有溶血作用。麻疹病毒有 6 种结构蛋白；在前驱期和出疹期内，可在鼻分泌物、血和尿中分离到麻疹病毒。在人胚胎或猴肾组织中培养 5 ~ 10 天时，细胞出现病理改变，可见多核巨细胞伴核内嗜酸性包涵体。麻疹病毒只有 1 个血清型，抗原性稳定。此病毒抵抗力不强，对干燥、日光、高温均敏感，紫外线、过氧乙酸、甲醛、乳酸和乙醚等对麻疹病毒均有杀灭作用，但在低温中能长期保存。

◎ 传　染

麻疹患者是唯一的传染源，患儿从接触麻疹后 7 天至出疹后 5 天均有传染性，病毒存在于眼结膜、鼻、口、咽和气管等分泌物中，通过喷嚏、咳嗽和说话等由飞沫传播。本病传染性极强，易感者接触后 90% 以上均发病，过去在城市中每 2 ~ 3 年流行一次，1 ~ 5 岁小儿发病率最高。麻疹减毒活疫苗使用后，发病率已下降，但因免疫力不持久，故发病年龄后移。目前发病者在未接受疫苗的学龄前儿童、免疫失败的十几岁儿童和青年人中多见，甚至可形成社区内的流行。

婴儿可从胎盘得到母亲抗体，生后 4 ~ 6 个月内有被动免疫力，以后逐渐消失；虽然绝大部分婴儿在 9 个月时血内的母亲抗体已测不出，但在有些小儿体内仍可持续存在，甚至长达 15 个月，会影响疫苗接种。易感母亲的婴儿对麻疹无免疫力，可在分娩前、后得病。

◎ 感染方式

当易感者吸入麻疹患者鼻咽部分泌物或含有病毒的飞沫后，麻疹病毒在局部黏膜短期繁殖，同时有少量病毒侵入血液。此后病毒在远处器官的单核巨噬细胞系统中复制，大约在感染后第 5 ~ 7 天，大量进入血液，此即为临床前驱期。在此时期，患儿全身组织如呼吸道上皮细胞和淋巴组织内均可找到病毒，并出现在鼻咽分泌物、尿及血液等分泌物和体液

广角镜

脑电图

　　脑电图是通过脑电图描记仪将脑自身微弱的生物电放大记录成为一种曲线图，以帮助诊断疾病的一种现代辅助检查方法。它对被检查者没有任何创伤。

中，此时传染性最强。皮疹出现后，病毒复制减少，到感染后第 16 天时，仅尿内病毒尚能持续数日。出疹后第 2 天，血清内抗体几乎 100% 阳性，临床症状也开始明显改善。由于此时全身及局部免疫反应尚在受抑制中，故部分病人常继发鼻窦炎、中耳炎和支气管肺炎。10% 的患儿脑脊液中淋巴细胞明显增多，50% 在病情高峰时有脑电图改变，但仅 0.1% 有脑炎的症状和体征，其出现常在急性起病数天后，此时血清中抗体已增高，且已找不到病毒，因此考虑为自身免疫性脑炎。

▶ 风　疹

　　风疹又称风痧、痧子等，是在儿童中常见的一种呼吸道传染病。由于风疹的疹子来得快，去得也快，如一阵风似的，故名。风疹由风疹病毒引起，病毒存在于出疹前 5 ~ 7 天病儿唾液及血液中，但出疹 2 天后就不易找到。风疹病毒在体外生活力很弱，但传染性与麻疹一样强。一般通过咳嗽、谈话或喷嚏等传播。本病多见于 1 ~ 5 岁儿童，6 个月以内婴儿因有来自母体的抗体获得抵抗力，很少发病。一次得病，可终身免疫，很少再次患病。

　　风疹从接触感染到症状出现，要经过 14 ~ 21 天。病初 1 ~ 2 天症状很轻，

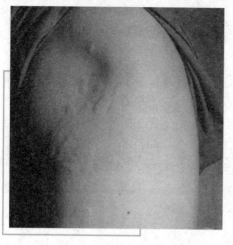

风疹患者

可有低热或中度发热，轻微咳嗽、乏力、胃口不好、咽痛和眼发红等轻度上呼吸道症状。病人口腔黏膜光滑，无充血及黏膜斑；耳后、枕部淋巴结肿大，伴轻度压痛。通常于发热 1 ~ 2 天后出现皮疹，皮疹先从面颈部开始，在 24 小时蔓延到全身。皮疹初为稀疏的红色斑丘疹，以后面部及四肢皮疹可以融合，类似麻疹。出疹第 2 天开始，面部及四肢皮疹可变成针尖样红点，如猩红热样皮疹。皮疹一般在 3 天内迅速消退，留下较浅色素沉着。在出疹期体温不再上升，病儿常无疾病感觉，饮食嬉戏如常。风疹与麻疹不同，风疹全身症状轻，无麻疹黏膜斑，伴有耳后、颈部淋巴结肿大。

知识小链接

淋巴结

淋巴结是哺乳类动物特有的器官。正常人浅表淋巴结很小，直径多在 0.5 厘米以内，表面光滑、柔软，与周围组织无粘连，亦无压痛。当细菌从受伤处进入机体时，淋巴细胞会产生淋巴因子和抗体有效地杀灭细菌。结果是淋巴结内淋巴细胞和组织细胞反应性增生，使淋巴结肿大，称为淋巴结反应性增生。能引起淋巴结反应性增生的还有病毒、某些化学药物、代谢的毒性产物、变性的组织成分及异物等。因此，肿大的淋巴结是人体的烽火台，是一个报警装置。

风疹病毒经预防后效果良好，并发症少，但孕妇（4 个月内的早期妊娠）感染风疹病毒后，病毒可以通过胎盘传给胎儿引起先天性风疹，发生先天畸形，如失明、先天性心脏病、耳聋和小头畸形等。因此，孕妇在妊娠早期尽可能避免与风疹病人接触，同时接种风疹减毒活疫苗。一旦发生风疹，应考虑中止妊娠。

病人应及时隔离治疗，隔离至出疹后1周。病人应卧床休息，给予维生素及富有营养易消化食物，如菜末、肉末、米粥等。注意皮肤清洁卫生，细菌继发感染。风疹并发症很少，一旦发生支气管炎、肺炎、中耳炎或脑膜脑炎等并发症时，应及时治疗。

对密切接触者加强医学观察，注意皮疹与发热，以利及早发现病人。幼托机构的接触班级，在潜伏期内应与其他班级隔离，不收新生，防止传播。

◎ 病因病理

现代医学认为本病由风疹病毒（RNA病毒）通过空气飞沫传播侵入人体，在呼吸道黏膜增殖后进入血液循环引起原发性病毒血症，可通过白细胞到网状内皮系统。受染的网状内皮细胞坏死，病毒释放再次入血，引起继发性病毒血症，出现发热、呼吸道症状及淋巴结肿大。

▶ 流行性感冒

◎ 概　述

流行性感冒简称流感，是由流感病毒引起的一种常见的急性呼吸道传染病，四季均可发病，以冬、春季多见，临床以高热、乏力、头痛、全身酸痛等全身中毒症状较重而呼吸道卡他症状较轻为特征，流感病毒容易发生变异，传染性强，常引起流感的流行。20世纪就有4次甲型流感世界大流行。

◎ 病原学

流感病毒属于正黏液病毒科，球形，直径80～120纳米，基因组为RNA

紫外线

　　紫外线是电磁波谱中波长从 10nm 到 400nm 辐射的总称，肉眼是看不见紫外线的。1801 年德国物理学家里特发现在日光光谱的紫端外侧一段能够使含有溴化银的照相底片感光，因而发现了紫外线的存在。

病毒。其特点是容易发生变异。分为甲、乙、丙 3 型。其中甲型最容易发生变异，可感染人和多种动物，为人类流感的主要病原，常引起大流行和中小流行。乙型流感病毒变异较少，可感染人类，引起暴发或小流行。丙型较稳定，可感染人类，多为散发病例，目前发现猪也可被感染。流感病毒不耐热，100℃条件下作用 1 分钟或 56℃条件下作用 30 分钟灭活，对常用消毒剂（1% 甲醛、过氧乙酸、含氯消毒剂等）、紫外线敏感，耐低温和干燥，真空干燥或在 –20℃ 以下的条件下仍可存活。

◎ 流行病学

　　（1）传染源：流感患者及隐性感染者为主要传染源。发病后 1 ~ 7 天有传染性，病初 2 ~ 3 天传染性最强。猪、牛、马等动物可能传播流感。

　　（2）传播途径：空气飞沫传播为主，还有被污染的日用品，流感病毒在空气中大约能存活半小时。

　　（3）易感人群：普遍易感，病后有一定的免疫力。3 型流感之间，甲型流感不同亚型之间无交叉免疫，可反复发病。

　　（4）流行特征：①流行特点：突然发生，迅速蔓延，2 ~ 3 周达高峰，发病率高，流行期短（大约 6 ~ 8 周）常沿交通线传播。②一般规律：先城市后农村，先集体单位，后分散居民。甲型流感常引起暴发流行，甚至是世界大流行，约 2 ~ 3 年发生小流行 1 次，根据世界上已发生的 4 次大流行情况分析，一般 10 ~ 15 年发生一次大流行。乙型流感呈暴发或小流行，丙型以散发为主。③流行季节：四季均可发生，以冬春季为主。南方在夏秋季也可见到流感流行。

▶️ 流行性腮腺炎

流行性腮腺炎简称流腮，亦称痄腮，俗称猪头疯，是春季常见，也是儿童和青少年中常见的呼吸道传染病，亦可见于成人。它是由腮腺炎病毒侵犯腮腺引起的急性呼吸道传染病，并可侵犯各种腺组织或神经系统及肝、肾、心脏、关节等器官，病人是传染源，飞沫的吸入是主要传播途径，接触病人后2～3周发病。腮腺炎主要表现为一侧或两侧耳垂下肿大，肿大的腮腺常呈半球形，以耳垂为中心，边缘不清，表面发热有角痛，张口或咀嚼时局部感到疼痛。

知识小链接

痄 腮

痄腮类似于中医所说的"大头瘟"，是流行性腮腺炎。病毒性腮腺炎没有特效疗法，可以使用中药治疗，如果有并发细菌感染的可以使用抗菌素。

▶️◎ 致病原因

（1）传染源：早期病人和隐性感染者。病毒存在于患者唾液中的时间较长，腮肿前6天至腮肿后9天均可自病人唾液中分离出病毒，因此在这2周内有高度传染性。感染腮腺炎病毒后，无腮腺炎表现，而有其他器官如脑或睾丸等症状者，则唾液及尿亦可检出病毒。在大流行时30%～40%患者仅有上呼吸道感染的亚临床感染，是重要传染源。

（2）传播途径：本病毒在唾液中通过飞沫传播（唾液及被污染的衣服亦可传染），其传染力较麻疹、水痘为弱。孕妇感染本病可通过胎盘传染胎儿，而导致胎儿畸形或死亡，流产的发生率也增加。

（3）易感性：普遍易感，其易感性随年龄的增加而下降。青春期后发病男多于女。病后可有持久免疫力。

病毒性肝炎

病毒性肝炎是由多种不同肝炎病毒引起的一组以肝脏损害为主的传染病，根据病原学诊断，肝炎病毒至少有 5 种，另外一种称为庚型病毒性肝炎，较少见。

◎ 流行病学

（1）传染源

甲型肝炎的主要传染源是急性患者和隐性患者。病毒主要通过粪便排出体外，自发病前 2 周至发病后 2 ~ 4 周内的粪便具有传染性，而以发病前 5 天至发病后 1 周传染性最强，潜伏后期及发病早期的血液中亦存在病毒。唾液、胆汁及十二指肠液亦均有传染性。

乙型肝炎的传染源是急、慢性患者的病毒携带者。病毒存在于患者的血液及各种体液（汗、唾液、泪乳汁、羊水、阴道分泌物、精液等）中。急性患者自发病前 2 ~ 3 个月即开始具有传染性，并持续于整个急性期。

丙型肝炎的传染源是急、慢性患者和无症状病毒携带者。病毒存在于患者的血液及体液中。

丁型肝炎的传染源是急、慢性患者和病毒携带者。表面抗原（HBsAg）携带者是丁型肝炎病毒的保毒宿主和主要传染源。

戊型肝炎的传染源是急性及亚临床型患者。以潜伏末期和发病初期粪便的传染性最高。

（2）传播途径

甲型肝炎主要经粪、口途径传播。粪便中排出的病毒通过被污染的手、水、苍蝇和食物等经口感染，以日常生活接触为主要方式，通常引起散发性发病，如水源被污染或生食被污染的水产品（贝类动物），可导致局部地区暴发流行。通过注射或输血传播的机会很少。

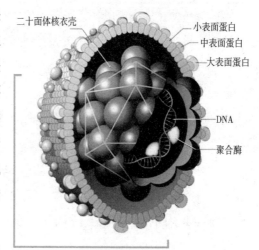

二十面体核衣壳　　小表面蛋白　中表面蛋白　大表面蛋白　DNA　聚合酶

病毒性肝炎病毒

乙型肝炎的传播途径包括：①输血及血制品以及使用被污染的注射器或针刺等；②母婴垂直传播（主要通过分娩时吸入羊水、产道血液，哺乳及密切接触，通过胎盘感染者约5%）；③生活上的密切接触；④性接触传播。此外，尚有经吸血昆虫（蚊、臭虫、虱等）叮咬传播的可能性。

丙型肝炎的传播途径与乙型肝炎相同是以输血及血制品传播为主，且母婴传播不如乙型肝炎多见。

丁型肝炎的传播途径与乙型肝炎相同。

戊型肝炎通过粪、口途径传播，水源或食物被污染可引起暴发流行；也可经日常生活接触传播。

（3）人群易感性

人类对各型肝炎普遍易感，各种年龄均可发病。

甲型肝炎感染后机体可产生较稳固的免疫力，在本病的高发地区，成年人血中普遍存

趣味点击　　虱

　　虱子是一种寄生在动物身上靠吸血维生的寄生虫。人接触动物多了，就有机会生虱子。多注意个人卫生，用硫黄皂多洗几次就可以了。用过的衣物最好用开水煮一下，以杀死虱子的卵，虱子的成虫和若虫终生在寄主体上吸血。

在甲型肝炎抗体，发病者以儿童居多。

乙型肝炎在高发地区新感染者及急性发病者主要为儿童，成人患者则多为慢性迁延型及慢性活动型肝炎；在低发地区，由于易感者较多，可发生流行或暴发。

丙型肝炎的发病以成人多见，常与输血与血制品、药瘾注射、血液透析等有关。

丁型肝炎的易感者为 HBsAg 阳性的急、慢性肝炎及或先症状携带者。

戊型肝炎各年龄普遍易感，感染后具有一定的免疫力。

各型肝炎之间无交叉免疫，可重叠感染、先后感染。

（4）流行特征期

病毒性肝炎的分布遍及全世界，但在不同地区各型肝炎的感染率有较大差别。我国属于甲型及乙型肝炎的高发地区，但各地区人群感染率差别较大。

甲型肝炎全年均可发病，以秋冬季为发病高峰，通常为散发；发病年龄多在 14 岁以下，在幼儿机构、小学及部队中发病率较高，且可发生大的流行；如水源被污染或生吃被污染水中养殖的贝壳类动物食品，可在人群中引起暴发流行。

乙型肝炎见于世界各地，人群中 HBsAg 携带率以西欧、北美及大洋洲最低（0.5% 以下），而以亚洲与非洲最高（6% ~ 10%），东南亚地区达 10% ~ 20%；我国人群 HBsAg 携带率约 10%，其中北方各省较低，西南方各省较高，且农村高于城市。乙型肝炎的发病无明显季节性；患者及 HBsAg 携带者男多于女；发病年龄在低发区主要为成人，在高发区主要为儿童，而成人患者多为慢性肝炎；一般散发，但常见家庭集聚现象。

丙型肝炎见于世界各国，主要为散发，多见于成人，尤其多见于输血与血制品者、药瘾者、血液透析者、肾移植者、同性恋者等；发病无明显季节性，易转为慢性。

丁型肝炎在世界各地均有发现，但主要聚集于意大利南部，在我国各省市亦均存在。

戊型肝炎的发病与饮水习惯及粪便管理有关。常以水媒流行形式出现，多发生于雨季或洪水泛滥之后，若水源是一次污染则流行期较短（约持续数周），如水源长期污染，或通过污染环境或直接接触传播则持续时间较长。发病者以青壮年为多，儿童多为亚临床型。

◎ 发病机理

病毒性肝炎的发病机制目前未能充分阐明。

甲型肝炎病毒在肝细胞内复制的过程中仅引起肝细胞轻微损害，在机体出现一系列免疫应答（包括细胞免疫及体液免疫）后，肝脏出现明显病变，表现为肝细胞坏死和炎症反应。甲型肝炎病毒被机体的免疫反应所清除，因此，一般不发展为慢性肝炎、肝硬化或病毒性携带状态。

拓展阅读

单核因子

单核因子是由单核巨噬细胞受抗原刺激后产生分泌的小分子多肽的免疫分子。有介导和调节免疫、炎症反应作用。

乙型肝炎病毒感染肝细胞并在其中复制，一般认为并不直接引起肝细胞病变，但乙型肝炎病毒的基因整合于宿主的肝细胞染色体中，可能产生远期后果。乙型肝炎的肝细胞损伤主要是通过机体一系列免疫应答所造成，其中以细胞免疫为主。肝特异性脂蛋白是主要的靶抗原，致敏 T 淋巴细胞的细胞毒效应是肝细胞损伤的主要机制，而抗体依赖的细胞毒作用及淋巴因子、单核因子等的综合效应也十分重要，尤其在慢性活动型肝炎的病理损伤机制中，以及特异性 T 辅助性细胞的持续性损伤中起重要作用。特异性抗体与循环中的相应抗原及病毒颗粒结合成免疫复合物，并经吞噬细胞吞噬清除。循环中的某些免疫复合物可沉积于小血管基底膜、关节腔内以及各脏器的小血管壁，而引起皮疹、关节炎、肾小球肾炎、结节性多发性动脉炎等肝外病变。受染肝细胞被破坏、乙型肝炎病毒的被保护性抗体所清除，可导致感染终止。

机体免疫反应的强弱及免疫调节机能是否正常与乙型肝炎临床类型及转归有密切关系。在免疫应答和免疫调节机能正常的机体中，受染肝细胞被效应细胞攻击而破坏，使感染终止，临床表现为经过顺利的急性肝炎，且由于病毒数量的多寡及毒力强弱所致肝细胞受损的程度不同而表现为急性黄疸型或急性无黄疸型肝炎。若机体针对乙型肝炎病毒的特异性体液免疫及细胞免疫功能缺损或呈免疫耐受或免疫麻痹，受染肝细胞未遭受免疫性损伤或仅轻微损伤，病毒未能清除，则表现为无症状慢性带毒者。若机体免疫功能（主要是清除功能）低下，病毒未能彻底清除，肝细胞不断受到轻度损害，则表现为慢性迁延型肝炎、慢性活动型肝炎。慢性活动型肝炎的发病机制较复杂，机体由于特异性免疫功能低下，不能充分清除循环中以及受染肝细胞内的病毒，病毒持续在肝细胞内复制，使肝细胞不断受到免疫损伤，且由于抑制性 T 细胞的数量或功能不足，以及肝细胞代谢失常所致肝内形成的免疫调节分子发生质与量改变，导致免疫调节功能紊乱，以致 T 细胞和 B 细胞之间及 T 细胞各亚群之间的协调功能失常，自身抗体增多，通过抗体依赖细胞毒效应或抗体介导补体依赖的细胞溶解作用，造成自身免疫性肝损伤；或大量抗原 - 抗体复合物的形成，导致肝细胞和其他器官更严重持久的损害。重型肝炎的病理的损伤机制主要是由于机体的免疫功能严重失调，特异性免疫反应增强，自身免疫反应明显，通过肝内免疫复合物反应和抗体依赖细胞毒作用造成肝细胞大块坏死。近年来认为内毒素血症所致肿瘤坏死因子大量释出，引起局部微循环障碍，可导致肝脏急性出血性坏死及大块坏死；且发现自由基变化对肝损伤及肝性脑病等的发生有关。

对丙型及戊型肝炎的发病机制目前了解很少。一些研究提示，丙型和戊型肝炎的发病机制有免疫系统的参与，肝细胞损伤主要是由免疫介导的。

对丁型肝炎的动物实验研究表明，丁型肝炎病毒与乙型肝炎病毒重叠感染导致丁型肝炎病毒大量复制，明显多于丁型肝炎病毒与乙型肝炎病毒联合感染者。丁型肝炎病毒对肝细胞具有直接致病性，乙型肝炎伴有丁型肝炎病毒感染，尤其以二者重叠感染者，肝细胞损伤明显加重。

各型病毒性肝炎之间无交叉免疫。丁型肝炎病毒与乙型肝炎病毒联合感染或重叠感染可加重病情，易发展为慢性肝炎及重型肝炎，尤是丁型肝炎病毒重叠感染于慢性乙型肝炎者。甲型肝炎病毒或乙型肝炎病毒重叠感染也使病情加重，甚至可发展为重型肝炎。

你知道吗

效应细胞

在机体免疫应答过程中，由免疫信号活化并参与免疫反应的细胞。主要包括细胞毒性淋巴细胞、巨噬细胞、杀伤细胞、自然杀伤细胞、淋巴因子激活的杀伤细胞等。

◎ 病理变化

各型肝炎的肝脏病理改变基本相似，各种临床类型的病理改变如下。

急性肝炎

肝脏肿大，表面光滑。镜下可见肝细胞变性和坏死，以气球样变最常见。电镜下可见内质网显著扩大，核糖体脱落，线粒体减少，嵴断裂，糖原减少消失。高度气球样变可发展为溶解性坏死，此外亦可见到肝细胞嗜酸性病变和凝固性坏死，电镜下呈细胞器凝聚现象。肝细胞坏死可表现为单个或小群肝细胞坏死，伴局部以淋巴细胞为主的炎性细胞浸润。汇管区的改变多不明显，但有的病例出现较明显的炎性细胞浸润，主要是淋巴细胞，其次是单核细胞和浆细胞。出现肝窦内枯否细胞增生肥大现象。肝细胞再生表现为肝细胞体积增大，有的有核丝分裂和双核现象，以致可出现肝细胞索排列紊乱现象。

糖 原

糖原又称肝糖、动物淀粉，是由葡萄糖结合而成的支链多糖，其糖苷链为 α型。是一种动物的储备多糖。哺乳动物体内，糖原主要存在于骨骼肌（约占整个身体的糖原的 $\frac{2}{3}$）和肝脏（约占 $\frac{1}{3}$）中，其他大部分组织中，如心肌、肾脏、脑等，也含有少量糖原。低等动物和某些微生物（如：真菌、酵母）中，也含有糖原或糖原类似物。

黄疸型肝炎的病理改变与无黄疸型者相似或较重，小叶内淤胆现象较明显，表现为一些肝细胞浆内有胆色素滞留，肿胀的肝细胞之间有毛细胞胆管淤胆现象。

慢性肝炎

（1）慢性迁延型肝炎：患者的肝脏大于正常人的肝脏，即有肿大现象，质地较软。镜下改变有以下 3 类。

①慢性小叶性肝炎：以肝细胞变性、坏死及小叶内炎性细胞浸润为主。汇管区改变不明显。②慢性间隔性肝炎：有轻度的肝细胞变性及坏死，伴以小叶内炎性细胞浸润。汇管区纤维组织伸展入小叶内，形成间隔。间隔内炎性细胞很少，无假小叶形成。③慢性门脉性肝炎：肝细胞变性较轻，有少数点状坏死，偶见嗜酸性小体。汇管区有多数炎性细胞浸润，致使汇管区增大。但无界板破坏或碎屑状坏死。

（2）慢性活动型肝炎：肝脏体积增大或不变，质地为中等硬度。镜下改变可分为中、重二型。

①中型慢性活动型肝炎：小叶周边有广泛的碎屑状坏死和主动纤维间隔形成。小叶内肝细胞变性及坏死均较严重，可见融合性坏死或桥形坏死以及被动性间隔形成。小叶结构大部分被保存。②重型慢性活动肝炎：桥形坏死

范围更广泛，可累及多数小叶并破坏小叶完整性（现在的分法是：轻度慢性肝炎、中度慢性肝炎、重度慢性肝炎）。

重型肝炎

（1）急性重型肝炎：肝脏体积明显缩小，边缘变薄，质软、包膜皱缩。镜下见到广泛的肝细胞坏死消失，遗留细胞网支架，肝窦充血。有中性、单核、淋巴细胞及大量吞噬细胞浸润。部分残存的网状结构中可见小胆管淤胆。有的病例严重的以弥漫性肝细胞肿胀为主，细胞相互挤压呈多边形，小叶结构紊乱，小叶中有多数大小不等的坏死灶，肿胀的肝细胞间有明显的毛细胆管淤胆。

（2）亚急性重型肝炎：肝脏体积缩小或不变，质地稍硬，肝脏表面和切面均有大小不等

拓展阅读

肝硬化

肝硬化是临床常见的慢性进行性肝病，由一种或多种病因长期或反复作用形成的弥漫性肝损害。在我国大多数为肝炎后肝硬化，少部分为酒精性肝硬化和血吸虫性肝硬化。病理组织学上有广泛的肝细胞坏死、残存肝细胞结节性再生、结缔组织增生与纤维隔形成，导致肝小叶结构破坏和假小叶形成，肝脏逐渐变形、变硬而发展为肝硬化。早期由于肝脏代偿功能较强可无明显症状，后期则以肝功能损害和门脉高压为主要表现，晚期常出现上消化道出血、肝性脑病、继发感染、脾功能亢进、腹水、癌变等并发症。

的再生结节。镜下可见新旧不等的大片坏死和桥形坏死，网织支架塌陷，有明显的汇管区集中现象。残存的肝细胞增生成团，呈假小叶样结构。

（3）慢性重型肝炎：在慢性活动型肝炎或肝硬化病变的基础上，有新鲜的大块或亚大块坏死。

淤胆型肝炎

有轻度急性肝炎的组织学改变，伴以明显的肝内淤胆现象。毛细胆管及

小胆管内有胆栓形成，肝细胞浆内亦可见到胆色素淤滞。小胆管周围有明显的炎性细胞浸润。

狂犬病

如今养狗、猫等宠物的家庭越来越多，许多人觉得自己家养的狗外观健康，不会携带狂犬病毒，故不注意防范。其实，这是人们在狂犬病认识上的一个极大的误区。近七成狂犬病人因"健康犬"咬伤致病。流行病学调查表明，外观健康犬的带病毒率高达 5% ~ 10%，咬人可疑犬的带病毒率在 30% 以上，而野生动物的带病毒率目前尚不清楚。貌似健康而携带狂犬病病毒的动物已成为狂犬病最危险的传染源。

◎ 被狗致伤必须在 24 小时内接种疫苗

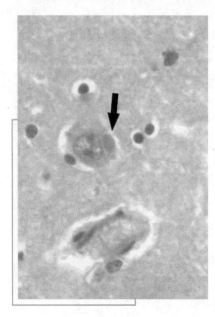

狂犬病感染病毒

目前有相当比例的人在被犬咬、抓伤后没有按规范处理伤口，没有接种狂犬病疫苗。江苏省疾病预防控制中心一项调查表明，在 59 例狂犬病人中，受伤后进行伤口处理的只有 33 例，占 55.93%。专家提醒，市民一旦被狗、猫等动物咬、抓伤，切不可存任何侥幸之心，要及时到专科医院清洗和消毒伤口，最好在 24 小时内接种狂犬病疫苗或加用抗血清；在预防免疫期间，也不可自作主张，减少用药针次和用药方法，否则会酿成恶果。

狂犬病又称恐水症，是由狂犬病病

毒引起的一种人畜共患的中枢神经系统急性传染病。狂犬病病毒属核糖核酸型弹状病毒，通过体液传播，多见于狗、狼、猫等食肉动物。

狂犬病的病原体是狂犬病毒，常见于狗、猫等家畜，人或其他家畜被患狂犬病的狗或猫咬伤时也能感染。家畜患狂犬病时，症状是食欲不振，看见水就恐惧、狂叫、痉挛，碰到人畜或其他物体就咬，最后全身麻痹而死亡。人患狂犬病时，症状是精神失常、恶心、流涎、看见水就恐惧、肌肉痉挛、呼吸困难、最后全身瘫痪而死亡。所以也叫恐水病。

◎ 狂犬病是世界上病死率最高的疾病

近年来，随着养狗和家养宠物数量的增多及缺乏对犬和猫等宠物的严格管理，加之对狂犬病防治知识的普及不够，使我国狂犬病发病率已连续5年回升。据卫生部资料统计，至2003年狂犬病病死率居各类传染病之首。面对这一严峻的事实，应充分发挥预防工作中的干预作用，从社区到临床，需集宣传者、督促者、咨询者于一身，针对高危人群及养犬密度大的农村，开展预防宣传，普及狂犬病的防治知识，降低狂犬病的发病率。由于我国处于狂犬病持续上升高发阶段，健康动物带毒已成为我们身边的严重隐患，威胁着人类的生命安全和健康。所以被动物咬伤后，及时冲洗处理伤口、注射免疫血清和疫苗接种是防范狂犬病必不可少的三大步骤。狂犬病免疫疫苗接种通常采用五针疗法，伤势严重者，在疫苗接种前还需注射抗狂犬病血清或狂犬病免疫球蛋白。

古人很早就对狂犬病有了初步的认识，但在狂犬病防治方面取得突破的却是近代科学

趣味点击　免疫球蛋白

具有抗体活性或化学结构上与抗体相似的球蛋白。是一类重要的免疫效应分子，多数为丙种球蛋白，由两条相同的轻链和两条相同的重链所组成，在体内以两种形式存在：可溶性免疫球蛋白存在于体液中，具抗体活性，参与体液免疫；膜型免疫球蛋白是B细胞抗原受体。

家，其中尤以法国微生物学家巴斯德所作的贡献居多。巴斯德发现，病菌在空气中的氧化时间越长，毒性就会越弱。要是将毒性减弱后的病菌放在有利于它们生长的环境，如人和动物体内，它们又会再度大量繁殖。不过，这种情况下所繁殖出来的病菌毒性已经很弱，不足以致命，反而能刺激体内的免疫系统产生抗体，达到免疫的效果，这就是巴斯德的"人工减毒法"（后来称为人工免疫法）。

◎ 发 病

人受感染后并非全部发病，被病犬咬伤者 15% ~ 20% 发病，被病狼咬伤者约 50% 发病，发病与否以及潜伏期的长短与下列因素有关：①咬伤的部位。咬伤头、颈、手者发病较多，潜伏期较短；咬伤在下肢者则相反。②创伤程度。创伤大而深、有多处伤口者发病较多，潜伏期也较短。③局部处理情况。经过适当处理者发病较少，潜伏期较长。④衣着厚薄。咬伤处的衣着厚者发病较少，潜伏期较长。⑤应用肾上腺皮质激素及精神过度紧张（如惧怕得狂犬病），有时可诱发本病。狂犬病病毒对神经系统有强大的亲和力，病毒进入人体后，主要沿神经系统传播和扩散，病毒侵入人体后先在伤口的骨骼肌和神经中繁殖，这称为局部少量繁殖期，此期可长可短，最短为 72 小时，最长可达数周、数月甚至更长。病毒在局部少量繁殖后即侵入神经末梢，沿周围神经以每小时 3 毫米的速度向中枢神经推进，到达脊髓后即大量繁殖，24 小时后遍布整个神经系统。以后病毒又沿周围神经向末梢传播，最后到达许多组织器官，如唾液腺、味蕾、角膜、肌肉、皮肤等，由于头、面、颈、手等部位神经比较丰富，病毒易于繁殖，再加上离中枢神经较近，故这些部位被咬伤后发病者较多，潜伏期也较短；伤势越严重，也越容易发病。病毒在中枢神经中主要侵犯迷走神经核、舌咽神经核和舌下神经核等。这些神经核主要支配吞咽肌和呼吸肌，受到狂犬病病毒侵犯后，就处于高度兴奋状态，当饮水时，听到流水声，受到音响、吹风和亮光等刺激时，即可使吞咽肌和呼吸肌发生痉挛，引起吞咽和呼吸困难。若病毒主要侵犯延髓、脊髓时，则临床上不表现痉挛，而表现为各种麻痹（瘫痪型），但比较少见。

◎ 传播途径

　　一般消毒方法，如日晒、紫外线、甲醛以及季胺类消毒剂（新洁尔灭等）均能将其杀灭，故被狂犬咬伤的伤口可用新洁尔灭冲洗。狂犬病病毒可在鸡胚、鸭胚、乳鼠脑以及多种组织培养（如人二倍体细胞、地鼠肾细胞等）中生长，故可用这种方法从病人或病兽体内分离病毒和制备疫苗。所有温血动物均可受染本病，但大多数地区的传染源主要是病犬（约占90%），病猫、病狼次之。在犬、猫的狂犬病已经得到控制的地区，传染源主要是野生动物，如西欧、北美的狐、臭鼬，中南美的吸血蝙蝠、食虫蝙蝠等。病人传染健康人的可能性很小，但其唾液中也含有少量病毒，故也应注意隔离。病犬、病狼等的唾液中含病毒较多，于发病前数日即有传染性。病毒主要通过咬伤的伤口进入人体，也可通过皮肤损伤（抓伤、擦伤、冻裂等）和正常黏膜（口、鼻黏膜和眼结膜）而使人受染。病人和病兽的各组织和内脏中也含有病毒，故有可能通过屠宰动物或尸体解剖而感染本病。此外，被外表健康而唾液中带有病毒的狗咬伤亦可患病。

◎ 病 理

狂犬病病毒进入人体后首先侵染肌细胞，在肌细胞中度过潜伏期，后通过肌细胞和神经细胞之间的乙酰胆碱受体进入神经细胞，然后沿着相同的通路进入脊髓，进而入脑，并不沿血液扩散。病毒在脑内感染海马区、小脑、脑干乃至整个中枢神经系统，并在灰质大量复制，延神经下行到达唾液腺、角膜、鼻黏膜、肺、皮肤等部位。狂犬病病毒对宿主

你知道吗

角 膜

角膜是眼睛最前面的透明部分，覆盖虹膜、瞳孔及前房，并为眼睛提供大部分屈光力。加上晶体的屈光力，光线便可准确地聚焦在视网膜上构成影像。角膜有十分敏感的神经末梢，如有外物接触角膜，眼睑便会不由自主地合上以保护眼睛。为了保持透明，角膜并没有血管，透过泪液及房水获取养分及氧气。

主要的损害来自内基小体，即为其废弃的蛋白质外壳在细胞内聚集形成的嗜酸性颗粒，内基小体广泛分布在患者的中枢神经细胞中，也是本疾病实验室诊断的一个指标。

◎ 预 防

重点是消灭患狂犬病的病犬。家犬应进行登记，并接种狂犬病疫苗，捕杀野犬、病犬、病猫等。对捕杀的病犬、病猫应进行脑组织病理检查以便确诊。被肯定或可疑的患狂犬病动物或野兽咬伤后，伤口应及时以20%肥皂水或0.1%新洁而灭（或其他季胺类药物）彻底清洗。因肥皂水可中和季胺类药物作用，故二者不可合用。冲洗后涂以75%酒精或2%～3%碘酒。伤口不宜缝合。在咬人的动物未排除狂犬病之前或咬人动物已无法观察时，病人应及时注射狂犬病疫苗。除被咬伤外，凡被可疑狂犬病动物吮舔、抓伤、擦伤过皮肤、黏膜者，也应接种疫苗。常用的狂犬病疫苗有4种：羊脑组织灭活疫苗（森普尔氏疫苗）、鸭胚疫苗、乳动物脑组织灭活疫苗及组织培养疫苗。

前三者是应用较久，均为最粗糙的生物制品，含有大量的非病毒抗原物质，能导致严重的甚至致死的并发症，如脑脊髓炎、脑膜炎等；其免疫原性低，故需注射较长时间。因此目前多主张应用组织培养疫苗，如地鼠肾疫苗、胎牛肾疫苗、鸡胚细胞疫苗及人二倍体细胞疫苗等，其中以人二倍体细胞疫苗最好，不仅预防效果好，也无严重不良反应。若既往已接种过全程其他狂犬病疫苗，则仅需注射一次即可。中国目前生产的地鼠肾疫苗与之相似，值得广泛应用。如果咬伤严重，有多处伤口或伤口在头、面、颈、手指者，在接种疫苗同时应注射抗狂犬病血清。因免疫血清能中和游离病毒，也能减少细胞内病毒繁殖扩散的速度，使潜伏期延长，争取自动抗体产生的时间，从而提高疫苗疗效。应用抗狂犬病血清后可抑制自动抗体的效价和延缓其产生的时间，这可用加强注射方法来解决。抗狂犬病血清注射的方法是一半肌肉注射，一半伤口周围浸润注射。注射应于感染后 48 小时内进行。对与狂犬病病毒、病兽或病人接触机会较多的人员应进行感染前预防接种。

病毒病的治疗与预防

　　本章以病毒性疾病的诊治为中心，病毒基础与病毒性疾病的临床相结合，特点是按病毒的核酸分类来介绍病毒，介绍分子生物学与人类病毒性疾病的相关知识，在常见人类病毒篇中叙述了主要的DNA病毒、RNA病毒和反转录病毒的分类、生物学特性和致病性与检查方法等。

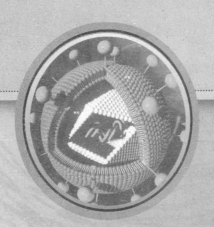

病毒干扰素

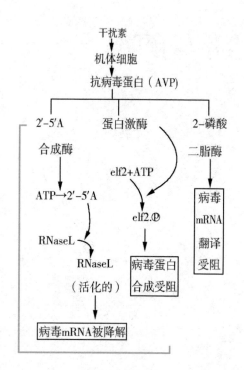

干扰素

机体细胞

抗病毒蛋白（AVP)

2′–5′A　　蛋白激酶　　2-磷酸

合成酶　　　　　　　　二脂酶

ATP→2′–5′A　elf2+ATP

　　　　　　　elf2.①

RNaseL

　RNaseL　　病毒蛋白　　病毒
（活化的）　合成受阻　　mRNA
　　　　　　　　　　　　翻译
　　　　　　　　　　　　受阻

病毒mRNA被降解

干扰素的作用机制

干扰素（IFN）是一种广谱抗病毒剂，并不直接杀伤或抑制病毒，而主要是通过细胞表面受体作用使细胞产生抗病毒蛋白，从而抑制乙肝病毒的复制；同时还可增强自然杀伤细胞（NK 细胞）、巨噬细胞和 T 淋巴细胞的活力，从而起到免疫调节作用，并增强抗病毒能力。20 世纪 70 年代中期人们发现慢性乙型肝炎患者自身产生干扰素的能力低下，在应用外源性干扰素后，不仅产生了上述抗病毒作用，同时可以增加肝细胞膜上人白细胞组织相容性抗原的密度，促进 T 细胞溶解感染性肝细胞的效能。成人注射（2～5）×10^6 单位干扰素后，3 小时后血清中干扰素活性开始测出，6 小时后达高位，48 小时后基本消失。

干扰素是一组具有多种功能的活性蛋白质（主要是糖蛋白），是一种由单核细胞和淋巴细胞产生的细胞因子。它们在同种细胞上具有广谱的抗病毒、影响细胞生长以及分化、调节免疫功能等多种生物活性。

◎ 干扰素的发现

1957 年，英国病毒生物学家和瑞士研究人员，在利用鸡胚绒毛尿囊膜研究流感干扰现象时了解到，病毒感染的细胞能产生一种因子，后者作用于其他细胞，干扰病毒的复制，故将其命名为干扰素。

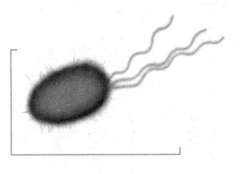

大肠杆菌

1966～1971 年，发现了干扰素的抗病毒机制，引起了人们对干扰素抗病毒作用的关注，而后，干扰素的免疫调控及抗病毒作用、抗增殖作用以及抗肿瘤作用逐渐被人们所认识。1976 年用人白细胞干扰素治疗 4 例慢性活动性乙肝，治疗后有 2 例 HBeAg 消失。但是由于人白细胞干扰素原材料来源有限，价格昂贵，因此未能大量应用于临床。

1980～1982 年，科学家用基因工程方法在大肠杆菌及酵母菌细胞内获得了干扰素，从每 1 升细胞培养物中可以得到 20～40 毫升干扰素。从 1987 年开始，用基因工程方法生产的干扰素进入了工业化生产，并且大量投放市场。

◎什么叫干扰素

自 1957 年发现干扰素以来，已知晓干扰素是真核细胞对各种刺激作出反应而自然形成的一组复杂的蛋白质。微生物按其结构、组成等差异，可分为 3 大类：①真核细胞型微生物：细胞核的分化程度较高，有核膜、核仁和染色体；胞质内细胞器完整。真菌属此类。②非细胞型微生物：体积微小，能通过除菌滤器；没有典型的细胞结构，无产生能量的酶系统，只有在宿主活细胞内生长繁殖。病毒属此类。③原核细胞型微生物：仅有原生核质，

放线菌

放线菌是原核生物的一个类群。大多数有发达的分支丝。菌丝纤细，宽度近于杆状细菌，约 0.5～1 微米。可分为：营养菌丝，又称基质菌丝，主要功能是吸收营养物质，有的可产生不同的色素，是菌种鉴定的重要依据；气生菌丝，叠生于营养菌丝上，又称二级菌丝。

无核膜或核仁，细胞器不很完整。此类微生物众多，有细菌、支原体、衣原体、立克次体、螺旋体和放线菌。如果用医学上更为详细的说法则是：干扰素是由病毒和其他种类的干扰素诱导剂，刺激网状内皮系统（人体免疫系统的一种）、巨噬细胞、淋巴细胞以及体细胞所产生的一种糖蛋白。这种蛋白具有多种生物活性，包括抗增殖、免疫调节、抗病毒和诱导分化作用。

干扰素的相对分子质量小，对热稳定，4℃的条件下可保存很长时间，−20℃的条件下可长期保存其活性，56℃的条件下则被破坏，pH 值（酸碱度）2 ~ 10 范围内干扰素不被破坏。人体自然就能产生干扰素，经一定的制剂加工过程也能制造成药物——干扰素制剂。

◎ 干扰素制剂如何分类

要了解这一点，先要知道人天然干扰素的分类。人天然干扰素分为 3 种多肽：IFN－α、IFN－β 及 IFN－γ。IFN－α 和 IFN－β 分别由白细胞和成纤维细胞产生，在酸性环境中稳定，并且结合相同的受体。而 IFN－γ 主要由 T 淋巴细胞分泌，对酸不稳定，结合的受体与前两者不同，IFN－γ 的免疫刺激活性在三者中最强。IFN－β 和 IFN－γ 只由单个基因编码，而 IFN－α 由至少 23 个不同基因，群聚在第 9 对染色体上，编码产生多于 15 种的功能蛋白。

知识小链接

染色体

染色体是细胞内具有遗传性质的物体，易被碱性染料染成深色，所以叫染色体（染色质）；其本质是脱氧核苷酸，是细胞核内由核蛋白组成、能用碱性染料染色、有结构的线状体，是遗传物质基因的载体。

干扰素制剂的分类，按制作方法不同，可分为利用基因工程生产的重组 α－干扰素和人自然干扰素 2 大类。

基因工程干扰素再按基因表达分子结构和抗原性可分为 α、β、γ 型，同一型内按氨基酸组成差异再分 20 多个亚型：α1、α2、α3……在同一亚型内又因氨基酸的差异而细分，如 α2 有 3 种：α2a、α2b、α2c。

人自然干扰素是通过分别刺激淋巴母细胞和人体白细胞，然后提纯制备而得。目前市场供应的只有由类淋巴母细胞产生的干扰素 αN1，是天然的多亚型的混合物。临床用的主要是重组制剂，有 α2a、α2b 和 α2c。

◎ 干扰素适用于哪些疾病

干扰素是病毒侵入细胞后产生的一种糖蛋白。由于几乎能抵抗所有病毒引起的感染，如水痘、肝炎、狂犬病等病毒引起的感染，因此它是一种抗病毒的特效药。此外，干扰素对治疗乳腺癌、骨髓癌、淋巴癌等癌症和某些白血病也有一定疗效。

◎ 使用干扰素有哪些不良反应

（1）发热：治疗疾病时注射的第一针干扰素常出现高热现象。以后逐渐减轻或消失。

（2）感冒样综合征：多在注射后 2~4 个小时出现。有发热、寒战、乏力、肝区痛、背痛和消化系统症状（如恶心、食欲不振、腹泻及呕吐）。治疗 2~3 次后逐渐减轻。对感冒样综合征可于注射后 2 小时，服用扑热息痛等解热镇痛剂，对症处理，不必停药；或将注射时间安排在晚上。

（3）骨髓抑制：出现白细胞及血小板减少，一般停药后可自行恢复。治疗过程中白细胞及血小板持续下降，要严密观察血象变化。当白细胞、中性粒细胞和血小板的数量少于一定量时，须停药，并严密观察，对症治疗，注意出血倾向。血象恢复后可重新恢复治疗，但须密切观察。

（4）神经系统症状：如失眠、焦虑、抑郁、兴奋、易怒、精神病。出现抑郁及精神病症状应停药。

（5）少见的副反应：如癫痫、肾病综合征、间质性肺炎和心律失常等。出现这些疾病和症状时，应停药观察。

贫 血

贫血是指全身循环血液中红细胞总量减少至正常值以下。但由于全身循环血液中红细胞总量的测定技术比较复杂，所以临床上一般指外周血中血红蛋白的浓度低于患者同年龄组、同性别和同地区的正常标准。国内的正常标准比国外的标准略低。沿海和平原地区，成年男子的血红蛋白如低于 12.5g/dl，成年女子的血红蛋白低于 11.0g/dl，可以认为有贫血。12 岁以下儿童比成年男子的血红蛋白正常值约低 15% 左右，男孩和女孩无明显差别。海拔高的地区一般要高些。

（6）诱发自身免疫性疾病：如甲状腺炎、血小板减少性紫癜、溶血性贫血、风湿性关节炎、红斑狼疮样综合征、血管炎综合征和 I 型糖尿病等，停药可减轻。

干扰素是由灭活的或活的病毒作用于易感细胞后，由易感细胞基因组编码而产生的一组抗病毒物质。除病毒以外，细菌、真菌、原虫、立克次氏体、植物血凝素以及某些人工合成的核苷酸多聚物（如聚肌胞）等都能刺激机体产生干扰素。凡能刺激机体产生干扰素的物质统称为干扰素诱生剂。干扰素的主要成分是糖蛋白，按其抗原性不同可分为 α、β 和 γ 三种主要类型。其活性及抗原性皆取决于分子中的蛋白质，而与其糖基无关。脊椎动物细胞是产生干扰素的主要细胞，但无脊椎动物（甲壳类及昆虫）及植物（如丁香等）细胞亦发现有类似干扰素物。干扰素对细胞表面的干扰素受体有高度亲和力，它与受体的相互作用可激发细胞合成新的 mRNA，产生多种效应蛋白，发挥抗病毒、抗肿瘤及免疫调节等作用。干扰素不具有特异性，即由一种病毒所诱发产生的干扰素，能抗御多种病毒甚至其他的胞内寄生的病原生物的能力。动物实验证明，干扰素能抑制多种致癌性 DNA 病毒和 RNA 病毒，从而抑制病毒诱发的肿瘤生长。干扰素制剂可用以治疗某些病毒性感染（如慢性乙型肝炎、带状疱疹等），以及治疗多种肿瘤（如骨肉瘤、白血病、多发性骨髓瘤等）。初期用于病毒性疾病，继而扩大到恶性肿瘤的治疗。但目前所用的干扰素，不论是纯化的天然干扰素，还是以 DNA 重组技术产生的干扰素，均有许多毒性，临床使用时常可造成白细胞减少、贫血、头痛、发热、肝功能异常、中枢神经系统中毒等症状。临床应用的干扰素诱生剂，如聚肌胞，毒性较大，而且价格昂贵。此外，人血清中存在破坏聚肌胞的核糖核酸酶，故难以在临床推广应用。

➡️ 细胞因子的抗病毒作用

➡️ ◎ 天然免疫效应

由单核－巨噬细胞分泌的细胞因子具有强大的抗病毒、抗细菌感染作用。如Ⅰ型 IFN、白细胞介素（IL－15）、IL－12 可抑制细胞合成 DNA 和 RNA 病毒复制的酶，从而干扰病毒复制，促进 NK 细胞增殖并增强其对病毒感染细胞的杀伤能力。TNF－α、IL－1、IL－6 和趋化性细胞因子可促进血管内皮细胞表达黏附分子，促进炎症细胞在感染部位浸润、活化和释放炎症介质。

➡️ ◎ 刺激造血细胞增生分化

有些细胞因子可刺激造血干细胞或不同发育分化阶段的造血细胞增殖分化。

（1）干细胞生长因子（SCF）和 IL－3 可刺激早期多能造血干细胞增殖分化；

（2）粒细胞集落刺激生物因子（GM－GSF）可刺激晚期髓系干细胞即粒系干细胞、单核系干细胞和红系干细胞等增殖分化；

（3）促红细胞生成素对红系干细胞起作用；

（4）IL－6 和 IL－11 对巨核干细胞起作用，而 IL－7 则对淋巴造血细胞即前 B 细胞和前 T 细胞起作用。

拓展阅读

造血干细胞

造血干细胞是指骨髓中的干细胞，具有自我更新能力并能分化为各种血细胞前体细胞，最终生成各种血细胞成分，包括红细胞、白细胞和血小板，它们也可以分化成各种其他细胞。它们具有良好的分化增殖能力，干细胞可以救助很多患有血液病的人们，最常见的就是白血病。但其配型成功率相对较低，且费用高昂。捐献造血干细胞对捐献者的身体并无很大伤害。

◎ 细胞毒效应

细胞因子可直接、间接诱导或抑制细胞毒作用。作用于 NK、细胞毒性 T 淋巴细胞（CTL）等细胞可发挥细胞毒作用；TNF－α 在体外可诱导肿瘤细胞、树突状细胞、大鼠肝细胞和小鼠胸腺细胞凋亡；IL－2、TNF、IFN－γ 可通过促进 Fas 抗原表达而间接诱导细胞凋亡；IL－2、IL－7 可抑制 T 细胞凋亡，促进增生。

病毒感染的防治

◎ 病毒感染的过程

病毒感染是个极其复杂的过程，感染方式多样，结果各异，病毒属于亚细胞结构，只有属于自己的核酸及其他一些必需的最简结构。

病毒的感染可分为增殖性感染、非增殖性感染 2 种类型。

（1）增殖性感染：发生在病毒能在其内完成复制循环的允许细胞内，并以有感染性病毒子代产生为特征。

（2）非增殖性感染：由于病毒或是细胞的原因，致使病毒的复制在病毒进入敏感细胞后的某一阶段受阻，结果导致病毒感染的不完全循环。有 3 种类型：流产感染、限制型感染、潜伏感染。

从机体水平来说，病毒感染就是外源基因对被侵染体的侵略，结果是病毒基因取代宿主基因，宿主死亡（SARS 病毒、致病性禽流感病毒都属于这类），病毒被宿主免疫系统消灭（常见的病毒性感冒），或病毒整合于宿主基因（对于单细胞生物或简单得多细胞生物来说相当于产生了一个新的物种）或潜伏于宿主细胞内发挥其作用（癌症的一个重要原因）。

从细胞水平来说，被病毒感染的细胞都要面临着死亡或"变态"。一些细胞被病毒侵入后，病毒分解和利用其内部的各种物质来完成子代病毒的复制，最终导致细胞死亡解体；另一些病毒侵入细胞后，不直接分解细胞，而是产生了其他的生物学效应使细胞形态变化，如果机体的免疫系统能够识别这种变化，细胞将会自行被机体杀死（细胞凋亡）。如果不能识别，则很有可能产生癌变等严重后果，HIV 病毒能直接破坏人的免疫系统。

知识小链接

细胞凋亡

细胞凋亡是指为维持内环境稳定，由基因控制的细胞自主的有序的死亡。细胞凋亡与细胞坏死不同，细胞凋亡不是被动的过程，而是主动过程，它涉及一系列基因的激活、表达以及调控等的作用，它并不是病理条件下，自体损伤的一种现象，而是为更好地适应生存环境而主动争取的一种死亡过程。

从分子水平说，病毒自身并不进行生产，它只是利用宿主细胞的各种分子和能量来完成它们自身携带基因所赋予它们的生命周期。

所以，总的说来，病毒是一种最纯粹的生物，它对于我们理解物种的产生和基因的演变是很有用的。

病毒是一种比细菌小的可以导致感染的微生物，当它对人体细胞进行侵犯时，也就是人体被病毒感染了。当病毒接触到人体，人体的表皮和黏膜等防御机制无法抵挡住时，病毒也就开始感染人体了。病毒分为很多种，会导致不同的疾病，像引起感冒的病毒，通常过了一个周期大概1周的样子，也就消失了，如果不是因为机体抵抗力不够而引起继发性细菌感染，感冒自己也就好了。而像肝炎病毒，则会长期和机体抗争，如果机体赢了，那肝炎病毒就处于静止期。如果机体输了，那就会导致明显症状的肝炎，这时候就需要抗病毒治疗了。针对不同的病毒，用不同的药。

◎ 人工免疫对于预防病毒性感染有重要意义

人工主动免疫

目前常用的灭活疫苗有流行性乙型脑炎疫苗、狂犬病疫苗、乙肝疫苗、流感灭活疫苗等。目前常用的减毒活疫苗有脊髓灰质炎病毒疫苗、麻疹疫苗、流感疫苗、流行性腮腺炎疫苗、风疹疫苗、甲型肝炎疫苗等。

人工被动免疫

常用的人工被动免疫制剂有免疫血清、丙种球蛋白等。注射入丙种球蛋白对甲型肝炎、麻疹、脊髓灰质炎等可紧急预防。含有高滴度表面抗体的乙型肝炎特异性免疫球蛋白可预防乙型肝炎。

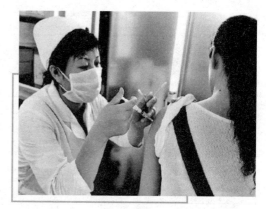

注射疫苗的青少年

病毒给人类带来的灾难

病毒的威力有多大呢，2000 年前后，艾滋病、SARS、禽流感、传染性海绵状脑病等传染病的出现，引起人类对病毒病危害性的高度重视。在人类和病毒不断斗争的过程中，越来越多的病毒经过改造后造福于人类，动植物病毒的研究一直为生物科学领域的一大热点。

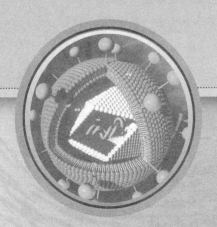

🔖 天花的覆灭

◎ 天花病毒

趣味点击

中耳炎

中耳炎是累及中耳（包括咽鼓管、鼓室、鼓窦及乳突气房）全部或部分结构的炎性病变，绝大多数为非特异性安排炎症，尤其好发于儿童。可分为非化脓性及化脓性两大类。非化脓性者包括分泌性中耳炎和气压损伤性中耳炎；化脓性者有急性和慢性之分，特异性炎症太少见如结核性中耳炎等。常见有分泌性中耳炎、急性化脓性中耳炎及胆脂瘤型中耳炎和气压损伤性中耳炎。

天花是由天花病毒引起的一种烈性传染病，也是到目前为止，在世界范围被人类消灭的第一个传染病。在我国，几十年前就消灭了天花，现在不仅普通人对天花一无所知，许多医生也是仅闻其名，不见其身。天花是感染痘病毒引起的，患者在痊愈后脸上会留有麻子，"天花"由此得名。天花病毒外观呈砖形，约200纳米×300纳米，抵抗力较强，能对抗干燥和低温，在痂皮、尘土和被服上，可生存数月至一年半之久。

天花病毒有高度传染性，没有患过天花或没有接种过天花疫苗的人，不分男女老幼包括新生儿在内，均能感染天花。天花主要通过飞沫吸入或直接接触而传染，当人感染了天花病毒以后，大约有10天潜伏期。潜伏期过后，病人发病很急，多以头痛、背痛、发冷或寒战、高热等症状开始，体温可高达41℃以上，伴有恶心、呕吐、便秘、失眠等症状。小儿常有呕吐和惊厥。发病3~5天后，病人的额部、面颊、腕、臂、躯干和下肢出现皮疹。开始为红色斑疹，后变为丘疹，2~3天后丘疹变为疱疹，以后疱疹转为脓疱疹。脓疱疹形成后 2~3 天，逐渐干缩结成厚痂，大约 1 个月后痂皮开始脱落，遗留下疤痕，俗称"麻斑"。重型天花病人常伴并发症，如败血症、骨髓炎、脑炎、脑膜炎、肺炎、支气管炎、中耳炎、喉炎、失明、流产等，是天花致人死亡的主要原因。

对天花病人要严格进行隔离，病人的衣、被、用具、排泄物、分泌物等要彻底消毒。对病人除了采取对症疗法和支持疗法以外，重点是预防病人发生并发症，口腔、鼻、咽、眼睛等要保持清洁。接种天花疫苗是预防天花的最有效办法。

天花临床表现主要为严重毒血症状（寒战、高热、乏力、头痛、四肢及腰背部酸痛，体温急剧升高时可出现惊厥、昏迷），皮肤成批依次出现斑疹、丘疹、疱疹、脓疱，最后结痂、脱痂，遗留痘疤。天花来势凶猛，发展迅速，对未免疫人群感染后 15~20 天内致死率高达 30%。

◎ 发现天花

若干世纪以来，天花的广泛流行使人们惊恐战栗，谈"虎"色变。

1846 年，在来自塞纳河流域、入侵法国巴黎的诺曼人中间，天花突然流行起来了。这让诺曼人的首领惊慌失措，也使那些在战场上久经厮杀不知恐惧的士兵毛骨悚然。残忍的首领为了不让传染病传播开来以致殃及自己，采取了一个残酷无情的手段，他下令杀掉所有天花患者及所有看护病人的人。这种可怕的手段，在当时被认为是可能扑灭天花流行的唯一可行的办法。

但是天花并不会宽容任何人，它同样无情地入侵宫廷、入侵农舍。任何民族、任何部落，不论爵位、不论年龄与性别，都逃脱不了天花的侵袭。

英国史学家纪考莱把天花称为"死神的忠实帮凶"。他写道："鼠疫或者其他疫病的死亡率固然很高，但是它的发生却是有限的。在人们的记忆中，它们在我们这里只不过发生了一两次。然而天花却接连不断地出现在我们中间，长期的恐怖使无病的人们苦恼不堪，即使有某些病人幸免于死，但在他们的脸上却永远留下了丑陋的痘痕。病愈的人们不仅是落得满脸痘痕，还有很多人甚至失去听觉，双目失明，或者染上了结核病。"

◎ 人痘接种术最早起源于我国

据清代医学家朱纯嘏在《痘疹定论》中记载，宋真宗（998～1022年）或仁宗（1023～1063年）时期，四川峨眉山有一医者能种痘，被人誉为神医，后来被聘到开封府，为宰相王旦之子王素种痘获得成功。后来王素活了67岁，这个传说或有讹误，但也不能排除宋代有产生人痘接种萌芽的可能性。到了明代，随着对传染性疾病的认识加深和治疗痘疹经验的丰富，便正式发明了人痘接种术。

清代医家俞茂鲲在《痘科金镜赋集解》中说得很明确："种痘法起于明隆庆年间（1567～1572年），宁国府太平县，姓氏失考，得之异人丹徒之家，由此蔓延天下，至今种花者，宁国人居多。"乾隆时期，医家张琰在《种痘新书》中也说："余祖承聂久吾先生之教，种痘箕裘，已经数代。"又说："种痘者八九千人，其莫救者二三十耳。"这些记载说明，自16世纪以来，我国已逐步推广人痘接种术，而且世代相传，师承相授。

清初医家张璐在《医通》中综述了痘浆（指痘疮中的浆液或痘苗）、旱苗、痘衣等多种预防接种方法。其具体方法是：用棉花蘸取痘疮浆液塞入接种儿童鼻孔中，或将痘痂研细，用银管吹入接种儿鼻内；或将患痘儿的内衣脱下，着于健康儿身上，使之感染。总之，通过如上方法使之产生抗体来预防天花。

由上可知，我国最迟在16世纪下半叶已发明人痘接种术，到17世纪已普遍推广。1682年，康熙皇帝曾下令各地种痘。康熙的《庭训格言》写道："训曰：国初人多畏出痘，至朕得种痘方，诸子女及尔等子女，皆以种痘得无恙。今边外四十九旗及喀尔喀诸藩，俱命种痘，凡所种皆得善愈。尝记初种时，年老人尚以为怪，朕坚意为之，遂全此千万人之生者，岂偶然耶？"可见当时种痘术已在全国范围内推行。

人痘接种法的发明，很快引起外国注意，1717 年，英国驻土耳其公使蒙塔古夫人在君士坦丁堡学得种痘法，3 年后又为自己 6 岁的女儿在英国种了人痘。随后欧洲各国和印度也试行接种人痘。18 世纪初，突尼斯也推行此法。1744 年杭州人李仁山去日本九州长崎，把种痘法传授给折隆元，乾隆十七年（1752 年）《医宗金鉴》传到日本，种痘法在日本就广为流传了。其后此法又传到朝鲜。18 世纪中叶，我国所发明的人痘接种术已传遍欧亚各国。1796 年，英国人贞纳受我国人痘接种法的启示，试种牛痘成功，这才逐渐取代了人痘接种法。

你知道吗

种痘新书

《种痘新书》是一本痘疹专著，共十二卷，清代张琰撰。卷一、二载药性、痘疹诊法及治疗方法；卷三介绍鼻痘；卷四至卷八介绍痘疹各期的治疗方法；卷九为痘后杂症和治疗；卷十为女子痘疹；卷十一介绍麻疹；卷十二为麻痘治疗方法。

我国发明人痘接种，这是对人工特异性免疫法一项重大贡献。18 世纪法国启蒙思想家、哲学家伏尔泰曾在《哲学通讯》中写载："我听说 100 多年来，中国人一直就有这种习惯，这是被认为全世界最聪明最讲礼貌的一个民族的伟大先例和榜样。"由此可见我国发明的人痘接种术（特异性人工免疫法）在当时世界影响之大。

◎1979 年 10 月 26 日，全世界消灭天花

1979 年 10 月 26 日联合国世界卫生组织在肯尼亚首都内罗毕宣布，全世界已经消灭了天花病，并且为此举行了庆祝仪式。

世界卫生组织的检查人员在最近 2 年里，对最后一批尚未宣布消灭天花病的东非四国——肯尼亚、埃塞俄比亚、索马里和吉布提进行了调查，发现这四个国家确实已经消灭了这种疾病，于是发布了这个具有历史意义的消息。

天花病是世界上严重危害人们的传染性疾病之一。几千年来，使千百万人死亡或毁容。200 年前，英国发明了预防天花病的牛痘疫苗。天花病患者的

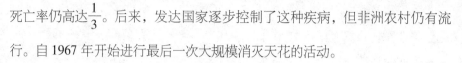
死亡率仍高达 $\frac{1}{3}$。后来，发达国家逐步控制了这种疾病，但非洲农村仍有流行。自 1967 年开始进行最后一次大规模消灭天花的活动。

人类历史上最严重的瘟疫之一——黑死病

黑死病是人类历史上最严重的瘟疫之一。起源于亚洲西南部，约在 14 世纪 40 年代散布到欧洲，"黑死病"之名是当时欧洲的称呼。这场瘟疫在全世界造成了大约 7 500 万人死亡，其中 2 500 万为欧洲人。根据估计，中世纪欧洲约有 $\frac{1}{3}$ 的人死于黑死病。

◎ 起因及症状

鼠疫原产中亚，其携带者是土拨鼠。1348 年，一种被称为瘟疫的流行病开始在欧洲各地扩散。该病从中国沿着商队贸易路线传到中东，然后由船舶带到欧洲。（据我国有关资料记载：14 世纪，鼠疫当时被称为"黑死病"，流行于整个亚洲、欧洲和非洲北部，中国也有流行。在欧洲，黑死病猖獗了 3 个世纪，夺去了 2 500 万人的生命。）

黑死病的一种症状，就是患者的皮肤上会出现许多黑斑，所以这种特殊瘟疫被人们叫作"黑死病"。

引起瘟疫的病菌是由藏在黑鼠皮毛内的蚤携带来的。在 14 世纪，黑鼠的数量很多。一旦该病发生，便会迅速扩散。

拓展阅读

瘟 疫

从古至今，人类遭遇了无数的瘟疫，其中有些瘟疫特别严重，对人类后代的影响巨大的有：黑死病、鼠疫、天花、流感等。在西医学理论中，瘟疫也是由病毒引起的大范围传染。

1348～1350 年，总共有 2500 万欧洲人死于黑死病。但是，这次流行并没有到此为止。在以后的 40 年中，它又一再发生。

因黑死病死去的人如此之多，以致劳动力短缺。整个村庄被废弃，农田荒芜，粮食生产量下降。紧随着黑死病而来的，便是欧洲许多地区发生了饥荒。

◎ 灾 难

在 14 世纪中期，欧洲受到一场具毁灭性影响的瘟疫侵袭，即一般人所称的黑死病。它从中亚地区向西扩散，并在 1346 年出现在黑海地区。它同时向西南方向传播到地中海，然后就在北太平洋沿岸流行，并传至波罗的海。约在 1348 年，黑死病在西班牙流行；到了 1349 年，就已经传到英国和爱尔兰，1351 年到瑞典；1353 年到波罗的海地区的国家和俄国。只有路途遥远和人口疏落的地区才未受伤害。根据今天的估算，当时在欧洲、中东、北非和印度地区，$\frac{1}{3} \sim \frac{1}{2}$ 的人口因感染黑死病而死亡。

黑死病可能是一种淋巴腺肿的瘟疫，是种由细菌引起的传染病。这种病菌是由跳蚤的唾液所携带，带疫的跳蚤可能是先吸到受到感染的老鼠血液，等老鼠死后，再跳到人体身上，通过血液把细菌传染到寄生主的体内。黑死病因其可怕的症状而命名，患者会出现大块黑色并且疼痛会渗出血液和浓汁的肿瘤。受感染的人会高烧不退且精神错乱。很多人在感染后的 48 小时内就死掉，但亦有少数人能够抵抗这个传染病而存活下来。

许多城镇因感染黑死病而人口大减，上至领主下到农奴都不能幸免，而这些人对社会都有一定价值，他们若非从事农耕就要寻求其他工作，一旦他们移居到城市，就会加速瘟疫的传染。

黑死病盛行的后期，由于肥皂的发明，使其感染概率下降，最后直到灭绝。目前黑死病病毒仅在美国等少数几个国家的实验室中存在。

在 14 世纪，黑死病，实际上是鼠疫。鼠疫的症状最早在 1348 年由一位名叫博卡奇奥的佛罗伦萨人记录下来：最初症状是腹股沟或腋下的淋巴肿块，然后，胳膊上和大腿上以及身体其他部分会出现青黑色的疱疹，这也是黑死病得名的原由。极少有人幸免，几乎所有的患者都会在3天内死去，通常无发热症状。

广角镜

鼠 疫

鼠疫是由鼠疫耶尔森菌引起的自然疫源性疾病，也叫作黑死病。鼠疫耶尔森菌等可以成为恐怖的生物武器，危害人类和平。因而鼠疫的防治更为重要。鼠疫是流行于野生啮齿动物的疾病。鼠作为重要传染源，人类主要是通过鼠蚤为媒介，经人的皮肤传入引起腺鼠疫，经呼吸道传入发生肺鼠疫。临床表现为发热、严重毒血症状、淋巴结肿大、肺炎、出血倾向。均可发展为败血症，传染性强，死亡率高，是危害人类最严重的烈性传染病之一，属国际检疫传染病，在我国《传染病防治法》中列为甲类传染病之首。

黑死病最初于1338年在中亚一个小城中出现，1340年左右向南传到印度，随后向西沿古代商道传到俄国东部。从1340年到1345年，俄国大草原被死亡的阴影笼罩着。1345年冬，鞑靼人进攻热那亚领地法卡，攻城不下之际，恼羞成怒的鞑靼人竟将黑死病患者的尸体抛入城中，结果城中瘟疫流行，大多数法卡居民死亡了，只有极少数逃到了地中海地区，然而伴随他们逃难之旅的却是可怕的疫病。

1347年，黑死病肆虐的铁蹄最先踏过君士坦丁堡——拜占庭最大的贸易城市。到1348年，西班牙、希腊、意大利、法国、叙利亚、埃及和巴勒斯坦等地区都暴发了黑死病。

1348年底，鼠疫传播到了德国和奥地利腹地，瘟神走到哪里，哪里就有成千上万的人被鼠疫吞噬。

除了欧洲大陆，鼠疫还通过帆船上的老鼠身上的跳蚤跨过英吉利海峡，蔓延到英国全境，直至最小的村落。农村劳力大量减少，有的庄园里的佃农甚至全部死光。生活在中世纪英国城镇里人们，居住的密度高，城内垃圾成堆，污水横流，更糟糕的是，他们对传染性疾病几乎一无所知。当时人们对死者尸体的处理方式也很简单，处理尸体的工人们自身没有任何防护，这帮助了疾病的蔓延。为了逃避死亡，人们尝试了各种方法，他们祈求上帝、吃精细的肉食、饮用好酒……医生们企图治愈或者缓和这种令人恐惧的症状，他们用尽各种药物，也尝试各种治疗手段，但都没有找到行之有效的方法。

1352 年，黑死病袭击了莫斯科，黑死病的魔爪伸向了各个社会阶层，没有人能逃避死亡的现实。

黑死病夺走了当时每 4 个欧洲人中的一个。当可怕的瘟疫突破英吉利海峡，在南安普敦登陆时，这座海边城市几乎所有的居民都在这场瘟疫中丧命，而且死得都非常迅速，很少有人得病后能在床上躺上两三天，很多人从发病到死亡只有半天时间。

知识小链接

英吉利海峡

英吉利海峡，又名拉芒什海峡，是分隔英国与欧洲大陆的法国、并连接大西洋与北海的海峡。海峡长 560 千米，宽 240 千米，最狭窄处又称多佛尔海峡，仅宽 34 千米。英国的多佛尔与法国的加莱隔海峡相望。

◎ 瘟疫之村

英格兰德比郡的小村亚姆有一个别号，叫"瘟疫之村"。但这个称呼并非耻辱，而是一种荣耀。1665 年 9 月初，村里的裁缝收到了一包从伦敦寄来的布料，4 天后他死了。月底又有 5 人死亡，村民们醒悟到那包布料已将黑死病从伦敦带到了这个小村。在瘟疫袭来的恐慌中，本地教区长说服村民作出了一个勇气惊人的决定：与外界断绝来往，以免疾病扩散。此举无异于自杀。一年后首次有外人来到此地，他们本来以为会看到一座鬼村，却惊讶地发现，尽管全村 350 名居民有 260 人被瘟疫夺去生命，毕竟还有一小部分人活了下来。

有一位妇人在一星期内送走了丈夫和 6 个孩子，自己却从未发病。村里的掘墓人亲手埋葬了几百名死者，却并未受这种致死率 100% 的疾病影响。这些幸存者接触病原体的机会与死者一样多，是否存在什么遗传因素使他们不易被感染？由于亚姆村从 1630 年代起就实施死亡登记制度，而且几百年来人口流动较少，历史学家可以根据家谱准确地追踪幸存者的后代。以此为基础，科学家于 1996 年分析了瘟疫幸存者后代的 DNA，发现约 14% 的人带有一个特别的基因变异，称为 CCR5 – △32。

基本小知识

基因变异

基因变异是指基因组 DNA 分子发生的突然的可遗传的变异。从分子水平上看，基因变异是指基因在结构上发生碱基对组成或排列顺序的改变。基因虽然十分稳定，能在细胞分裂时精确地复制自己，但这种稳定性是相对的。

这个变异并不是第一次被发现，此前不久它已在有关艾滋病病毒（HIV）的研究中与人类打过照面。它阻止 HIV 进入免疫细胞，使人能抵抗 HIV 感染。三百年前的瘟疫，与艾滋病这种现代瘟疫，通过这个基因变异产生了奇妙的联系。

◎ 出血热黑死病

两名英国科学家又为黑死病这一方增加了新的砝码。鼠疫与 CCR5 – △32 的关系被实验推翻，这并不妨碍利物浦大学的苏珊·斯科特和克里斯托弗·邓肯把黑死病同这个变异联系起来。因为他俩早就提出，黑死病并非通常所认为的腺鼠疫，而是一种由病毒导致的出血热，可能与埃博拉出血热类似。他们曾出版《瘟疫生物学》和《黑死病的回归》等著作，详细阐述有关观点。

斯科特和邓肯在 2005 年 3 月的《医学遗传学杂志》上报告说，他们建立数学模型，用计算机模拟了欧洲人口变化与上述基因变异频率变化的关系，显示驱动这个变异扩散的压力来自"出血热瘟疫"。而天花只在 1700～1830 年对欧洲形成较大威胁，其流行时间和频率并没有达到此前研究认为的程度，不可能是造成这个基因变异频率增加的主要因素。

斯科特和邓肯告诉记者："1996 年有关（CCR5－△32 变异）的成果发表，我们马上就认识到，欧洲的瘟疫促进了这个变异的频率升高。"他们说，"事实上，这其中的推理很明显：△32 变异的分布情况与瘟疫在欧洲的分布情况相同，这很好地显示了后者促进了（变异频率）上升，"在谈到欧洲的黑死病瘟疫时，他们说，"我们提出，这些传染病是由一种病毒性出血热导致，后者也使用 CCR5 受体来进入免疫系统。△32 变异为病毒性出血热感染提供了类似的遗传抵抗力。"

莎草纸文献的记载显示，公元前 1500～前 1350 年，在法老时代的埃及，尼罗河谷就存在出血热。此后 2000 多年间，地中海东岸不断大面积暴发出血热。例如公元前 700～前 450 年、公元前 250 年，美索不达米亚曾发生出血热。据希腊史学家修昔底德的描述，公元前 430～前 427 年雅典瘟疫的症状与黑死病非常相似。"查士丁尼瘟疫"从埃塞俄比亚发源，沿尼罗河谷而下，于公元 541 年到达叙利亚，然后是小亚细亚、非洲和欧洲，542 年抵达君士坦丁堡。它一直持续到公元 700 年，其间反复暴发，拜占庭历史学家普罗科匹

> **趣味点击　　频率**
>
> 频率，是单位时间内完成振动的次数，是描述振动物体往复运动频繁程度的量，常用符号 f 或 v 表示，单位为秒。为了纪念德国物理学家赫兹的贡献，人们把频率的单位命名为赫兹，简称"赫"。每个物体都有由它本身性质决定的与振幅无关的频率，叫作固有频率。频率概念不仅在力学、声学中应用，在电磁学和无线电技术中也常用。交变电流在单位时间内完成周期性变化的次数，叫作电流的频率。

厄斯记载了这场瘟疫的细节，其症状与雅典瘟疫和黑死病都很像。

CCR5 – △32 变异可能出现于 2500 ~ 3000 年前，人类文明早期这些反复暴发的出血热使其频率持续上升，从最初的单个变异达到 1347 年黑死病袭来之前的 $\frac{1}{20000}$。然后，经过黑死病的大清洗，其频率增加到了现在约 10% 的水平。人们一般认为 1665 ~ 1666 年伦敦大瘟疫是黑死病最后的罪行，但斯科特和邓肯说，出血热瘟疫在这以后并没有消失，持续在北欧活动，直至 19 世纪，这可以解释为什么现在北欧人中的变异频率最高。

斯科特和邓肯认为，要追溯出血热的来源，就要回到人类的摇篮——东非大裂谷的肯尼亚和埃塞俄比亚等地。在那里，人类祖先与动物共生的历史最为悠久。这种病的潜伏期长达 37 ~ 38 天（这与意大利人于 14 世纪率先发现的 40 天有效隔离期吻合，而与腺鼠疫的特征不合），即使在中世纪，这么长的时间也足以让感染者将病毒带到很远的地方。如果它在跨国交通非常便利的当代再度暴发，将造成巨大灾难。

人体免疫缺陷病毒

人体免疫缺陷病毒

1981 年，人类免疫缺陷病毒在美国首次发现。它是一种感染人类免疫系统细胞的慢性病毒，属反转录病毒的一种，会引起至今无有效疗法的致命性传染病。该病毒破坏人体的免疫能力，导致免疫系统失去抵抗力，而导致各种疾病及癌症得以在人体内生存，发展到最后，导致艾滋病（获得性免疫缺陷综合征）。在世界范围内导致了近千万人的死亡。在感染后会整合入宿主细胞的基因组中，而目前的抗病毒治疗并不能将病毒根除。在 2004 年底，全球有约 4 000 万被感染并与人类免疫缺陷病毒共同生存的人，流行状况最为严重的是撒哈拉以南的非洲，其次是南亚与东南亚，但该年涨幅最快的地区是东亚、东欧及中亚。1986 年 7 月 25 日，世界卫生组织（WHO）发布公报，

广角镜

电　镜

电子显微镜简称电镜，是根据元学原理，使物质的细微结构在非常高的放大倍数下成像的仪器。常用的有透射电镜和扫描镜。与光镜相比，电镜用电子束代替了可见光，用电磁透镜代替了光学透镜并使用荧光屏将肉眼不可见电子束成像。

国际病毒分类委员会会议决定，将艾滋病病毒改称为人类免疫缺陷病毒，简称 HIV。

◎ 生物学诊断

形态结构

人类免疫缺陷病毒直径约 120 纳米，大致呈球形。病毒外膜是磷脂双分子层，来自宿主细胞，并嵌有病毒的蛋白 gp120 与 gp41；gp41 是跨膜蛋白，gp120 位于表面，并与 gp41 通过非共价作用结合。向内是由蛋白 p17 形成的球形基质，以及蛋白 p24 形成的半锥形衣壳，衣壳在电镜下呈高电子密度。衣壳内含有病毒的 RNA 基因组、酶（逆转录酶、整合酶、蛋白酶）以及其他来自宿主细胞的成分。

基因结构及编码蛋白

病毒基因组是 2 条相同的正链 RNA，每条 RNA 长 9.2～9.8kb。两端是长末端重复序列（LTR），含顺式调控序列，控制前病毒的表达。已证明在 LTR 有启动子和增强子并含负调控区。LTR 之间的序列编码了至少 9 个蛋白，可

分为 3 类：结构蛋白、调控蛋白、辅助蛋白。

培养特性

将病人自身外周或骨髓中淋巴细胞经聚羟基脂肪酸酯（PHA）刺激 48 ~ 72 小时做体外培养 1 ~ 2 周后，病毒增殖可释放至细胞外，并使细胞融合成多核巨细胞，最后细胞死亡。亦可用传代淋巴细胞系如 HT - H9、Molt - 4 细胞作分离及传代。

HIV 动物感染范围窄，仅黑猩猩和长臂猿，一般多用黑猩猩做实验。用感染 HIV 的细胞或无细胞的 HIV 滤液感染黑猩猩，或将感染 HIV 黑猩猩血液输给正常黑猩猩都感染成功，连续 8 个月在血液和淋巴液中可持续分离到 HIV，在 3 ~ 5 周后查出 HIV 特异性抗体，并继续维持一定水平。但无论黑猩猩或长臂猿感染后都不发生疾病。

拓展阅读

骨 髓

　　骨髓是人体的造血组织，位于身体的许多骨骼内。成年人的骨髓分两种：红骨髓和黄骨髓。红骨髓能制造红细胞、血小板和各种白细胞。血小板有止血作用，白细胞能杀灭与抑制各种病原体，包括细菌、病毒等；某些淋巴细胞能制造抗体。因此，骨髓不但是造血器官，它还是重要的免疫器官。

抵抗力

HIV 对热敏感。在 56℃ 条件作用 30 分钟失去活性，但在室温保存 7 天仍保持活性。不加稳定剂病毒在 -70℃ 的条件下冰冻失去活性，病毒在 35% 山梨醇或 50% 胎牛血清中放置在 -70℃ 的条件下冰冻 3 个月仍保持活性。病毒对消毒剂和去污剂亦敏感，0.2% 次氯酸钠、0.1% 漂白粉、70% 乙醇、35% 异丙醇、50% 乙醚、0.3% H_2O_2、0.5% 来苏尔处理 5 分钟能灭活病毒。

◎ 传染源和传播途径

HIV 感染者是传染源，曾从血液、精液、阴道分泌液、眼泪、乳汁等分离出 HIV。传播途径有：

（1）性传播：通过男性同性恋之间及异性间的性接触感染。注：如同伴间要保持清洁的性交，有固定的伴侣，不要乱性，否则很容易感染！固定伴侣之间要互相了解有没有 HIV 感染情况！如没有，有安全套的使用，0% 感染概率，不戴 0.0002% 感染概率，尤其要注意保护自己的身体健康状况！

你知道吗

漂白剂

漂白剂是破坏、抑制食品的发色因素，使其退色或使食品免于褐变的物质，一些化学物品，通过氧化反应以达至漂白物品的功用，而把一些物品漂白即把它的颜色去除或变淡。常用的化学漂白剂通常分为两类：氯漂白剂及氧漂白剂。

（2）血液传播：通过输血、血液制品或没有消毒好的注射器传播，静脉嗜毒者共用不经消毒的注射器和针头造成严重感染，我国云南边境静脉嗜毒者感染率达 60%。

（3）母婴传播：包括经胎盘、产道和哺乳方式传播。

◎ 致病机制

HIV 选择性的侵犯带有 CD4 分子的，主要有 T4 淋巴细胞、单核巨噬细胞、树突状细胞等。细胞表面 CD4 分子是 HIV 受体，通过 HIV 囊膜蛋白 gp120 与细胞膜上 CD4 结合后由 gp41 介导使毒穿入易感细胞内，造成细胞破坏。其机制尚未完全清楚，可能通过以下方式起作用：

（1）由于 HIV 包膜蛋白插入细胞或病毒出芽释放导致细胞膜通透性增加，产生渗透性溶解。

（2）受染细胞内 CD – gp120 复合物与细胞器（如高尔基体等）的膜融合，使之溶解，导致感染细胞迅速死亡。

（3）HIV 感染时未整合的 DNA 积累，或对细胞蛋白的抑制，导致 HIV 杀伤细胞作用。

（4）HIV 感染细胞表达的 gp120 能与未感染细胞膜上的 CD4 结合，在 gp41 作用下融合形成多核巨细胞而溶解死亡。

（5）HIV 感染细胞膜病毒抗原与特异性抗体结合，通过激活补体或介导效应将细胞裂解。

艾滋病人由于免疫功能严重缺损，常合并严重的机会性感染。常见的有细胞（鸟分枝杆菌）、原虫（卡氏肺囊虫、弓形体）、真菌（白色念珠菌、新型隐球菌）、病毒（巨细胞病毒、单纯疱疹病毒、乙型肝炎病毒），最后导致无法控制而死亡。此外，感染单核巨噬细胞中 HIV 呈低度增殖，不引起病变，但损害其免疫功能，可将病毒传播全身，引起间质肺炎和亚急性脑炎。

> **趣味点击**
>
> ### 原虫
>
> 原虫为单细胞真核动物，体积微小而能独立完成生命活动的全部生理功能。在自然界分布广泛，种类繁多，迄今已发现 65 000 余种，多数营自生或腐生生活，分布在海洋、土壤、水体或腐败物内。约有近万种为寄生性原虫，生活在动物体内或体表，另外还有医疗原虫。

HIV 感染人体后，往往经历很长潜伏期（3 ~ 8 年）才发病，这表明 HIV 在感染机体中，以潜伏或低水平的慢性感染方式持续存在。当 HIV 潜伏细胞受到某些因素刺激，使潜伏的 HIV 激活大量增殖而致病，多数患者于 1 ~ 3 年内死亡。

◎ 自身免疫无法清除的原因

艾滋病病毒进入人体后，首先遭到巨噬细胞的吞噬，但艾滋病病毒很快改变了巨噬细胞内某些部位的酸性环境，创造了适合其生存的条件，并随即进入 T – CD4 淋巴细胞大量繁殖，最终使后一种免疫细胞遭到完全破坏。

HIV 感染后可刺激机体生产囊膜蛋白（gp120，gp41）抗体和核心蛋白（p24）抗体。在 HIV 携带者、艾滋病病人血清中测出低水平的抗病毒中和抗体，其中艾滋病病人水平最低，健康同性恋者最高，说明该抗体在体内有保护作用。但抗体不能与单核巨噬细胞内存留的病毒接触，且 HIV 囊膜蛋白易发生抗原性变异，原有抗体失去作用，使中和抗体不能发挥应有的作用。在潜伏感染阶段，HIV 前病毒整合入宿主细胞基因组中，免疫系统会把 HIV 忽略不被识别，这导致自身免疫无法清除。

◎ 艾滋病毒的特点

HIV 是艾滋病毒的英文缩写，它的特点主要为以下几点：

（1）主要攻击人体的 T 淋巴细胞系统。

（2）一旦侵入机体细胞，病毒将会和细胞整合在一起终生难以消除。

（3）病毒基因变化多样。

（4）广泛存在于感染者的血液、精液、阴道分泌物、唾液、尿液、乳汁、脑脊液、有神经症状的脑组织液，其中以血液、精液、阴道分泌物中浓度最高。

知识小链接

脑脊液

脑脊液为无色透明的液体，充满在各脑室、蛛网膜下腔和脊髓中央管内。脑脊液由脑室中的脉络丛产生，与血浆和淋巴液的性质相似，略带黏性。

（5）对外界环境的抵抗力较弱，对乙肝病毒有效的消毒方法对艾滋病病毒消毒也有效。

（6）感染者潜伏期长，死亡率高。

（7）艾滋病病毒的基因组比已知任何一种病毒基因都复杂。

◎ 艾滋病病毒感染人体后的症状

艾滋病病毒感染早期，亦称急性期，多数无症状，但有一部分人在感染数天至 3 个月时，出现像流感或传染性单细胞增多症样症状，如发热、寒战、关节疼、肌肉疼、头疼、咽痛、腹泻、乏力、夜间盗汗和淋巴结肿大，皮肤疹子是十分常见的症状，这之后，进入无症状感染期。

▶ SARS——非典型性肺炎

非典型性肺炎（SARS）是指还没找到确切的病源、尚不明确病原体的肺炎。目前特指在中国 2003 年流行的非典型性肺炎。

中国 2003 年流行的非典型性肺炎，由于医疗部门不能明确地找到致病的原因，所以在对本病的命名上曾经有过一些曲折，一开始医务人员给了它一个临时性的名字——"不明原因肺炎"（简称 UP）。这种诊断在临床上对原因未明的疾病是允许的，也是比较常见的。后来，由于对本病的流行病学以及病理有了进一步的了解，知道这是一种最早是在医院外所患的感染性肺实质的炎症，于是提出了"社区获得性肺炎"（简称 CAV）这一诊断。最后根据患者的临床表现以及不能培养出细菌，对普通的抗菌无效等重要依据，"非典型肺炎"这一诊断终于浮出水面，并见之于众多媒体，成为最权威的说法。而有的专家倾向于认为非典型肺炎就是过去特指的由支原体、衣原体所引起的肺炎，由于这次发生在广东的肺炎已基本排除了支原体、衣原体感染引起，故不能称为非典型肺炎，应该称为"非典型的肺炎"或"非典型性肺炎"以示区别。

◎ 非典型肺炎

非典型肺炎是相对典型肺炎而言的。①典型肺炎通常是由肺炎球菌等常见细菌引起的。症状比较典型,如发烧、胸痛、咳嗽、咳痰等。实验室检查血白细胞增高,抗生素治疗有效。②非典型肺炎本身不是新发现的疾病,它多由病毒、支原体、衣原体、立克次体等病原引起,症状、肺部体征、验血结果没有典型肺炎感染那么明显,一些病毒性肺炎抗生素无效。

非典型肺炎是指一组由上述非典型病原体引起的疾病,而不是一个明确的诊断。其临床特点为隐匿性起病,多为干性咳嗽,偶见咯血,肺部听诊较少阳性体征;X 线胸片主要表现为间质性浸润;其疾病过程通常较轻,患者很少因此而死亡。

非典型肺炎的名称起源于 1930 年,与典型肺炎相对应,后

你知道吗

立克次氏体

立克次氏体是一类专性寄生于真核细胞内的 G－原核生物。是介于细菌与病毒之间,而接近于细菌的一类原核生物。一般呈球状或杆状,是专性细胞内寄生物,主要寄生于节肢动物,有的会通过蚤、虱、蜱、螨传入人体、如斑疹伤寒、战壕热。

者主要为由细菌引起的大叶性肺炎或支气管肺炎。20 世纪 60 年代,将当时发现的肺炎支原体作为非典型肺炎的主要病原体,但随后又发现了其他病原体,尤其是肺炎衣原体。目前认为,非典型肺炎的病原体主要包括肺炎支原体、肺炎衣原体、鹦鹉热衣原体、军团菌和立克次体(引起 Q 热肺炎),尤以前两者多见,几乎占每年成年人因社区获得性肺炎住院患者的 $\frac{1}{3}$。这些病原体大多为细胞内寄生,没有细胞壁,因此可渗入细胞内的广谱抗生素(主要是大环内酯类和四环素类抗生素)对其治疗有效,而 β 内酰胺类抗生素无效。而对于由病毒引起的非典型肺炎,抗生素是无效的。

◎ 流行病学

空气飞沫近距离传播,家属及医务人员有可能经接触病人的分泌物感染。

流行病学规律:男女之间发病无差别,从年龄看青壮年占 70% ～80%,

与既往的呼吸道传染病患者体弱的老少患者居多不同；因最初起病时防护措施不够，医务人员属非典型肺炎高发人群，但经采取措施后医务人员的感染率已从最初的 33% 左右下降到 24% 左右；在家庭和医院有聚集感染现象。

防止 SARS 聚集感染

◎ 预 防

具体预防措失有以下几种：

（1）避免前往人烟稠密的地方。

（2）通风良好：保持室内空气流通，经常开窗通风。在公共汽车或出租车上要开窗通风。

（3）注意个人卫生：勤洗手，保持双手清洁，并用正确方法洗手。用皂液，流水洗手，时间在 30 秒以上。双手被呼吸系统分泌物（如打喷嚏）弄污后应洗手。应避免触摸眼睛、鼻及口，如需触摸，应先洗手。

（4）注意均衡饮食、定时进行运动、有足够休息、减轻压力和避免吸烟，以增强身体的抵抗力。

（5）公共场所经常使用或触摸的物品定期用消毒液浸泡、擦拭消毒。

（6）在公共场所人群拥挤的地方可以戴 16 层纱布口罩，但在空旷的地方活动或在大街上行走就没有必要戴口罩。

（7）避免探视病人。

（8）打喷嚏或咳嗽时应掩口鼻。

好的心情、好的心态比种种严格的预防措施都显得重要，是否能够远离疾病，在于自身的免疫能力。适当感染一些病毒并不是完全不可。非典的传染性并不像人们想象的那样可怕。

◤◢ 儿童手足口病的传播

手足口病（简称 HFMD）是由肠道病毒引起的传染病，多发生于 5 岁以下儿童，可引起手、足、口腔等部位的疱疹，少数患儿可引起心肌炎、肺水肿、无菌性脑膜脑炎等并发症。个别重症患儿如果病情发展快，可导致死亡。

引发手足口病的肠道病毒有 20 多种（型），柯萨奇病毒 A 组的 16、4、5、9、10 型，B 组的 2、5 型，以及肠道病毒 71 型均为手足口病较常见的病原体，其中以柯萨奇病毒 A16 型（Cox A16）和肠道病毒 71 型（EV 71）最为常见。

趣味点击　柯萨奇病情

柯萨奇病（Cox）是一种肠病毒，分为 A、B 两类，是一种常见的经呼吸道和消化道感染人体的病情。感染后人会出现发热、打喷嚏、咳嗽等感冒症状。妊娠期感染可引起非麻痹性脊髓灰质炎性病变，并致胎儿畸型。

传播渠道：

（1）人群密切接触传播。

通过被病毒污染的手巾、毛巾、手绢等物品以及患病者接触过的公共健身器械等传播。

（2）通过患者喉咙分泌物（飞沫）传播。

（3）饮用或食用被患病者污染过的水和食物。

（4）带有病毒的苍蝇叮爬过的食物。

（5）直接接触患者。

◉ 手足口病的历史

手足口病是全球性传染病，世界大部分地区均有此病流行的报道。1957 年新西兰首次报道，1958 年分离出柯萨奇病毒，1959 年提出以 HFMD 命名。

早期发现的手足口病的病原体主要为 Cox A16 型。手足口病与 EV 71 感染有关的报道则始自 20 世纪 70 年代初，1972 年 EV 71 在美国被首次被确认。此后 EV 71 感染与 Cox A16 感染交替出现，成为手足口病的主要病原体。澳大利亚和美国、瑞典一样，是最早出现 EV 71 感染的国家之一。1972～1973 年、1986 年和 1999 年澳大利亚均发生过 EV 71 流行，重症病人大多伴有中枢神经系统症状，一些病人还有严重的呼吸系统症状。20 世纪 70 年代中期，保加利亚、匈牙利相继暴发以中枢神经系统为主要临床特征的 EV 71 流行，仅保加利亚就超过 750 例发病，149 人致瘫，44 人死亡。英国 1994 年暴发了一起遍布英格兰、威尔士由 Cox A16 引起的手足口病流行，监测哨点共观察到 952 个病例，为英国有记录以来的最大一次流行，患者年龄大多为 1～4 岁，大部分病人症状平和。

英国 1963 年以来的流行病资料数据显示，手足口病流行的间隔期为 2～3 年。其他国家如意大利、法国、荷兰、西班牙、罗马尼亚、巴西、加拿大、德国也经常发生由各型柯萨奇、埃可病毒和 EV 71 引起的手足口病。日本是手足口病发病较多的国家之一，历史上有过多次大规模流行，1969～1970 年的流行以 Cox A16 感染为主，1973 和 1978 年的 2 次流行均为 EV 71 引起。主要临床症状为病情一般较温和，但同时也观察到伴无菌性脑膜炎的病例。1997～2000 年手足口病在日本再度活跃，EV 71、Cox A16 均有被分离出，EV 71 毒株的基因型也与以往不同。20 世纪 90 年代后期，EV 71 开始在东亚地区肆虐。1997 年马来西亚发生

广角镜

肺水肿

肺水肿是肺脏内血管与组织之间液体交换功能紊乱所致的肺含水量增加本病可严重影响呼吸功能，是临床上较常见的急性呼吸衰竭的病因。主要临床表现为极度呼吸困难，阵发性咳嗽伴大量白色或粉红色泡沫痰，双肺布满对称性湿啰音，X 线胸片可见两肺蝶形片状模糊阴影，晚期可出现休克甚至死亡。动脉血气分析早期可有低 O_2、低 CO_2 分压、严重缺 O_2、CO_2 潴留及混合性酸中毒。

了主要由 EV 71 引起的手足口病流行，本年 4 ~ 8 月共有 2 628 例发病，仅本年 4 ~ 6 月就有 29 例病人死亡。死者平均年龄 1.5 岁，病程仅 2 天，100% 发热，62% 手足皮疹，66% 口腔溃疡，28% 病症发展迅速，17% 肢软瘫，17 例胸片显示肺水肿。

我国自 1981 年在上海始见本病，以后北京、河北、天津、福建、吉林、山东、湖北、西宁、广东等十几个省市均有报道。1983 年天津发生 Cox A16 引起的手足口病暴发流行，本年 5 ~ 10 月间发生了 7 000 余病例，经过 2 年散发流行后，1986 年又出现暴发，在托儿所和幼儿园 2 次暴发的发病率分别达 2.3% 和 1.9%。1995 年武汉病毒研究所从手足口病人中分离出 EV 71 病毒，1998 年深圳市卫生防疫站也从手足口病患者中分离出 2 株 EV 71 病毒。1998 年 EV 71 感染在我国台湾省引发大量手足口病和疱疹性咽峡炎，在本年 6 月和 10 月两波流行中，共监测到 129 106 病例，重症病人 405 例，死亡 78 例，大多为 5 岁以下的儿童，并发症包括脑炎、无菌性脑膜炎、肺水肿或肺出血、急性软瘫和心肌炎。2000 年 5 ~ 8 月山东省招远市暴发了小儿手足口病大流行，在 3 个多月里，招远市人民医院接诊患儿 1 698 例，其中男 1 025 例，女 673 例，男女之比为 1.5：1，年龄最小 5 个月，最大 14 岁。首例发生于 2000 年 5 月 10 日，7 月份达高峰，末例发生于 8 月 28 日。128 例住院治疗患儿，平均住院天数 5.1 天，其中 3 例合并暴发心肌炎死亡。

◎ 预 防

婴幼儿对手足口病普遍易感。大多数病例症状轻微，主要表现为发热和手、足、口腔等部位的皮疹或疱疹等特征，多数患者可以自愈。疾控专家建议大家，养成良好卫生习惯，做到饭前便后洗手，不喝生水、不吃生冷食物，勤晒衣被，多通风。托幼机构和家长发现可疑患儿，要及时到医疗机构就诊，并及时向卫生和教育部门报告，及时采取控制措施。轻症患儿不必住院，可在家中治疗、休息，避免交叉感染。

手足口病传播途径多，婴幼儿和儿童普遍易感。做好儿童个人、家庭和托幼机构的卫生是预防本病感染的关键。

禽流感的传播

禽流感是禽流行性感冒的简称，它是一种由甲型流感病毒的一种亚型（也称禽流感病毒）引起的传染性疾病，被国际兽疫局定为甲类传染病，又称真性鸡瘟或欧洲鸡瘟。按病原体类型的不同，禽流感可分为高致病性、低致病性和非致病性禽流感 3 大类。非致病性禽流感不会引起明显症状，仅使染病的禽鸟体内产生病毒抗体。低致病性禽流感可使禽类出现轻度呼吸道症状，食量减少，产蛋量下降，出现零星死亡。高致病性禽流感最为严重，发病率和死亡率均高，感染的鸡群常常"全军覆没"。

拓展阅读

禽流感

禽流感，全名鸟禽类流行性感冒，是由病毒引起的动物传染病，通常只感染鸟类，少见情况会感染猪。禽流感病毒高度针对特定物种，但在罕有情况下会跨越物种障碍感染人。自发现人类也会感染禽流感之后，此病症引起全世界卫生组织的高度关注。其后，本病一直在亚洲区零星暴发，但在 2003 年 12 月开始，禽流感在东亚多国，主要在越南、韩国、泰国严重暴发，并造成越南多名病人丧生。现时远至东欧多个国家亦有案例。

禽流感也能感染人类。人感染后的症状主要表现为高热、咳嗽、流涕、肌痛等，多数伴有严重的肺炎，严重者心、肾等多种脏器衰竭导致死亡，病死率高。此病可通过消化道、呼吸道、皮肤损伤和眼结膜等多种途径传播，人员和车辆往来是传播本病的重要因素。

◎ 症　状

禽流感的症状依感染禽类的品种、年龄、性别、并发感染程度、病毒毒力和环境因素等而有所不同，主要表现为呼吸道、消化道、生殖系统或神经系统的异常。

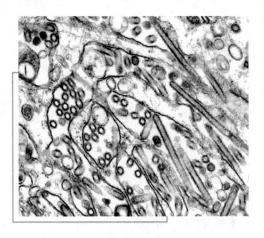

禽流感病毒

常见症状有：病鸡精神沉郁，饲料消耗量减少，消瘦；母鸡的就巢性增强，产蛋量下降；轻度直至严重的呼吸道症状，包括咳嗽、打喷嚏和大量流泪；头部和脸部水肿，神经紊乱和腹泻。

这些症状中的任何一种都可能单独或以不同的组合出现。有时疾病暴发很迅速，在没有明显症状时就已发现鸡死亡。

另外，禽流感的发病率和死亡率差异很大，取决于禽类种别和毒株以及年龄、环境和并发感染等，通常情况为高发病率和低死亡率。在高致病力病毒感染时，发病率和死亡率可达100%。

禽流感潜伏期从几小时到几天不等，其长短与病毒的致病性、感染病毒的剂量、感染途径和被感染禽的品种有关。

◎ 死亡率高于非典

最早的人禽流感病例出现在1997年的香港。那次 H5N1 型禽流感病毒感染导致 12 人发病，其中 6 人死亡。根据世界卫生组织的统计，到目前为止全球共有 15 个国家和地区的 393 人感染，其中 248 人死亡，死亡率 63%。中国从 2003 年至今有 31 人感染禽流感，其中 21 人死亡。

◎ 传染源

　　流感病毒有 3 个抗原性不同的型，所有的禽流感病毒都是 A 型。A 型流感病毒也见于人、马、猪，偶可见于水貂、海豹和鲸等其他哺乳动物及多种禽类。

甲型 H1N1 流感的肆虐

　　2009 年 3 月 18 日开始，墨西哥陆续发现人类感染甲型 H1N1 流感并死亡的病例。

　　2009 年 5 月 2 日加拿大联邦卫生官员在渥太华举行的新闻发布会上证实，加拿大西部艾伯塔省一猪场的猪身上检测出甲型 H1N1 流感病毒，这是世界上首次发现猪受这种新病毒感染。

　　流行性感冒简称流感，是由甲、乙、丙三种流感病毒引起的急性呼吸道传染病。甲型流感病毒根据其表面（H 和 N）结构及其基因特性的不同又可分成许多亚型，至今甲型流感病毒已发现的血凝素有 16 个亚型（H1 ~ H16），神经氨酸酶 9 个亚型（N1 ~ N9）。猪流感是一种因甲型流感病毒引起的猪呼吸系统疾病。目前，已从猪身上分离到 4 种主要的亚型：H1N1、H1N2、H3N2 和 H3N1。猪流感病毒在猪群中全年可以传播，但多数暴发于秋季末期和冬季，发病率较高，病死率较低。

基本小知识

神经氨酸

　　一种 3 - 脱氧 - 5 - 氨基壬酮糖酸，是丙酮酸和 N - 乙酰氨基甘露糖的醇醛缩合产物。在自然界中没有游离形式的神经氨酸，而且多数是其衍生物。主要存在于糖蛋白和神经节苷脂的糖链中。

　　美国曾于 1976 年在新泽西州迪克斯堡的士兵中出现猪流感暴发，引起

200 多例病例，其中至少 4 名士兵进展成肺炎，1 人死亡。1988 年，美国出现了猪流感人际间传播的迹象，接触过 1 例猪流感病例的医护人员中出现了轻微的流感样疾病，并在血清中检测出猪流感抗体。2005 年 12 月至 2009 年 2 月，美国共报道了 12 例人感染猪流感病例，但均未出现死亡。

自 2009 年 4 月 23 日起，截至 4 月 27 日，全球共 4 个国家报道了实验室确诊的人感染猪流感病毒病例，此次感染的亚型是新变异的 H1N1 亚型毒株。其中美国共计 40 例，均为轻症病例；墨西哥确诊 26 例，其中 7 例死亡；加拿大和西班牙分别报告了 6 例和 1 例，均无死亡病例。

人感染猪流感病毒后，现有资料表明，传染期为发病前 1 天至发病后 7 天。若病例发病 7 天后仍有发热症状，表示仍具有传染性。儿童，尤其是幼儿，传染期可能长于 7 天。

人感染猪流感的潜伏期尚不明确，参照流感的潜伏期一般为 1~3 天。临床症状与流感相似，包括发热、咳嗽、咽痛、躯体疼痛、头痛、畏寒和疲劳等。有些人还会出现腹泻和呕吐，甚至引起严重疾病（肺炎和呼吸衰竭）和死亡。近期分离到的猪流感病毒 A（H1N1）对神经氨酸酶抑制剂类药物敏感，对金刚烷胺和金刚乙胺耐药。因此，世界卫生组织和美国疾病控制与预防中心均建议使用奥司他韦或扎那米韦治疗和预防人感染猪流感病毒，但尚无有效的预防疫苗。

◎ 我国（大陆）首例甲型 H1N1 流感

中国卫生部于 2009 年 5 月 22 日上午确诊了中国首例甲型 H1N1 流感患者。

四川省卫生厅副厅长颜丙约在 2009 年 5 月 11 日上午通报说：

"5 月 10 日下午，四川省卫生厅报告四川省人民医院发现 1 例发热病例，根据临床表现和实验室检验结果，初步诊断为甲型 H1N1 流感疑似病例。此后，患者已被转送成都市传染病医院隔离治疗，其就诊过程中的 15 名医护人员作为密切接触者也已采取医学观察措施。"

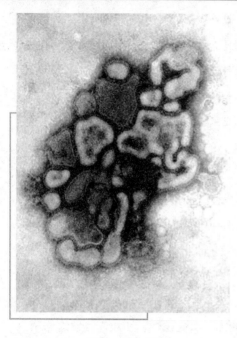

甲型 H1N1 病毒

"据介绍，患者目前体温正常，病情已有恢复，精神状态良好。患者到成都后，与其父亲、女友、出租车司机 3 人有过接触。目前 3 人均被转送到成都市传染病医院隔离治疗，经专家会诊、紧急防治，目前情况稳定。"

"患者包某某，男，30 岁，此前在美国某大学学习。患者于 2009 年 5 月 7 日由美国圣路易斯经圣保罗到日本东京，5 月 8 日从东京乘 NW029 航班于 5 月 9 日凌晨 1 时 30 分抵达北京首都国际机场，并于同日 10 时 50 分乘川航 3U8882 航班从北京起飞，于 13 时 17 分抵达成都。患者 5 月 9 日在北京至成都航程中自觉有发热、咽痛、咳嗽等症状，在成都下机后到四川省人民医院就诊。5 月 10 日上午，四川省疾病预防控制中心 2 次复核检测，初步诊断患者为甲型 H1N1 流感疑似病例。5 月 10 日晚，中国疾病预防控制中心和军事医学科学院接到疑似患者标本，连夜开展实验室检测。11 日早晨，中国疾病预防控制中心和军事医学科学院对该疑似患者咽拭子标本甲型 H1N1 流感病毒的核酸检测结果为阳性。"

◎ 病原学

甲型 H1N1 流感病毒属于正黏病毒科，甲型流感病毒属。典型病毒颗粒呈球状，直径为 80～120 纳米，有囊膜。囊膜上有许多放射状排列的突起糖蛋白，分别是红细胞血凝素（HA）、神经氨酸酶（NA）和基质蛋白 M2。病毒颗粒内为核衣壳，呈螺旋状对称，直径为 10 纳米。为单股负链 RNA 病毒，基因组约为 13.6kb，由大小不等的 8 个独立片段组成。病毒对乙醇、碘伏、碘酊等常用消毒剂敏感；对热敏感，在 56℃ 条件下作用 30 分钟可灭活。

知识小链接

碘　酊

　　许多人认为碘酒只是打针或手术前消毒皮肤用的，其实这只是碘酒的用途之一。在日常生活中，碘酒碘酊可以用来治疗许多小毛病。

◎ 流行病学

传染源

　　甲型 H1N1 流感病人和无症状感染者为主要传染源。虽然猪体内已发现甲型 H1N1 流感病毒，但目前尚无证据表明动物为传染源。

传播途径

　　主要通过飞沫或气溶胶经呼吸道传播，也可通过口腔、鼻腔、眼睛等处黏膜直接或间接接触传播。接触患者的呼吸道分泌物、体液和被病毒污染的物品亦可能造成传播。

病毒在战争中的应用

　　每个经历了20世纪最后10年和21世纪开始一年多的人，都会深刻地感受到这个世纪令人眼花缭乱的变化；而变化得最使人不可思议的领域，当属军事和战争。什么信息战、网络战、病毒战、纳米战、基因战、隐身战、智能战、导弹战、精确战、太空战、失能战、瘫痪战、重心战、脱离接触战、间接打击战……这些20世纪80年代以前还闻所未闻的名称，现在各国军队都必须面对；什么气象武器、计算机武器、太空武器、光束武器、粒子束武器、微波武器、精确制导武器、人工智能武器、基因白痴武器、袖珍纳米武器、思想控制武器、新材料武器、微型钻地核武器……

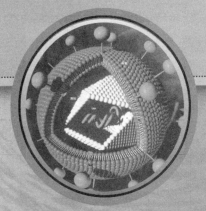

病毒与近现代生物武器

◎ 生物武器的基础——生物战剂

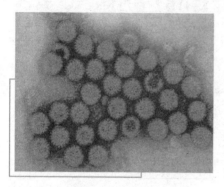

鼠疫菌——生物战剂

生物战剂是军事行动中用以杀死人、牲畜和破坏农作物的病毒、致命微生物、毒素和其他生物活性物质的统称。旧称细菌战剂。生物战剂是构成生物武器杀伤威力的决定因素。致病微生物一旦进入机体（人、牲畜等）便能大量繁殖，导致破坏机体功能、发病甚至死亡。它还能大面积毁坏植物和农作物等。生物战剂的种类很多，据国外文献报道，可以作为生物战剂的致命微生物约有160种之多，但就具有引起疾病能力和传染能力的来说就为数不算很多。

◎ 生物战剂的分类

（1）根据生物战剂对人的危害程度，可分为致死性战剂和失能性战剂：

①致死性战剂。致死性战剂的病死率在10%以上，甚至达到50%～90%。如炭疽杆菌、霍乱弧菌、野兔热杆菌、伤寒杆菌、天花病毒、黄热病毒、东方马脑炎病毒、西方马脑炎病毒、斑疹伤寒立克次体、肉毒杆菌毒素等。

②失能性战剂。病死率在10%以下，如布鲁杆菌、Q热立克次体、委内瑞拉马脑炎病毒等。

（2）根据生物战剂的形态和病理可分为：

①细菌类生物战剂。主要有炭疽杆菌、鼠疫杆菌、霍乱弧菌、野兔热杆

菌、布氏杆菌等。

②病毒类生物战剂。主要有黄热病毒、委内瑞拉马脑炎病毒、天花病毒等。

③立克次体类生物战剂。主要有流行性斑疹伤寒立克次体、Q热立克次体等。

④衣原体类生物战剂。主要有鸟疫衣原体。

⑤毒素类生物战剂。主要有肉毒杆菌毒素、葡萄球菌肠毒素等。

⑥真菌类生物战剂。主要有粗球孢子菌、荚膜组织胞浆菌等。

（3）根据生物战剂有无传染性可分为2种：

①传染性生物战剂，如天花病毒、流感病毒、鼠疫杆菌和霍乱弧菌等。

②非传染性生物战剂，如土拉杆菌、肉毒杆菌毒素等。

你知道吗

霍乱弧菌

霍乱弧菌是人类霍乱的病原体。霍乱是一种古老且流行广泛的烈性传染病之一。曾在世界上引起多次大流行，主要症状表现为剧烈的呕吐和腹泻，死亡率高。属于国际检疫传染病。

随着微生物学和有关科学技术的发展，新的致病微生物不断被发现，可能成为生物战剂的种类也在不断增加。近些年来，人类利用微生物遗传学和遗传工程研究的成果，运用基因重组技术界限遗传物质重组，定向控制和改变微生物的性状，从而有可能产生新的致命力更强的生物战剂。

◎ 生物战剂的应用

生物恐怖袭击是一种非常阴损且历史悠久的攻击手段。通常由空气传播的细菌或病毒制剂，几乎是看不见，也闻不出味道的。人们在遭受袭击时常常在不知不觉中吸入这类制剂，要直到若干天之后病发时才能明白自己已吸入了毒气。到了这个时候再进行抢救和采取保护措施都为时已晚。

这种用生物制剂作为武器的方法，最早可以追溯到古希腊以及古罗马时代。人们最初认为疾病是通过恶臭的气味在空气中散播的，于是经常在战争中将已经腐烂的动物尸体投入到水中，通过污染对方饮水系统的方式致使敌人患病，算是一种最古老的生物武器。后来这一手段发展到使用人的尸体，而且直到 19 世纪美国内战时期仍然被采用。

　　有记载的各种利用生物制剂作为武器的残忍的例子数不胜数。在 18 世纪，当时欧洲人正在北美开疆扩土，大不列颠北美总司令詹妮弗·阿莫斯特勋爵曾建议使用天花来"消除"北美的土著——印第安人。随后英国人便故意将天花病人曾经使用过的毛毯和手绢散发或留弃到北美的印第安人部落里。这直接导致了天花在俄亥俄河谷的印第安人部落中暴发流行。在二次世界大战中，最臭名昭著的例子莫过于日本的细菌学专家、中将石井四郎所领导的 731 部队及研究所。在中国东北，731 部队建立了一个由 150 座建筑物和 5 000 名研究人员构成的细菌战大本营。1932～1945 年，仅通过活体实验死在 731 部队魔爪下的中国军民就达到 10 000 人以上。他们还曾经在中国的 11 个城市进行过大规模的实地细菌战试验，其中通过飞机播撒的带菌跳蚤每次竟超过 1 500 万只！

　　盟军在二战中也曾进行过进攻性生物武器的研究。曾在 2001 年给美国人留下深刻记忆的炭疽杆菌，其实早在 20 世纪 40 年代，就在战时的战争储备署主导下进行过研究。只不过当时研制的炭疽弹，因为安全措施不力的原因，难以大规模投入生产。但其间后方已经为美军装配了 5 000 枚含有炭疽芽孢的细菌弹。

知识小链接

炭疽杆菌

　　炭疽杆菌属于需氧芽胞杆菌属，能引起羊、牛、马等动物及人类的炭疽病。炭疽杆菌曾被帝国主义作为致死战剂之一。牧民、农民、皮毛和屠宰工作者易受感染。皮肤炭疽在我国各地还有散在发生，不应放松警惕。

生物毒剂

在过去的几十年里，分子生物学技术的发展非常迅速。人们之所以研究以人类和动物为宿生的细菌和病毒的机理，本来是为了减少或预防疾病。但现在这些研究成果很容易被另作他图，发展出更为强大的生物武器。这些生物毒剂包括鼠疫菌、炭疽菌、兔热病菌、天花菌或病毒性出血热病毒，以及其他已知的或潜在的恐怖主义制剂。作为人们手中的一种工具，分子生物学与病毒结合，会产生出新型的致病性嵌合体。科学家们也可以应用多种耐药基因来改变现有的病原体，作用于生物体。另一方面，近几年来已经出版过很多成套的人类病原体基本数据集，再加上那些公开发表的，涉及如何将新基因引入细菌的研究成果等，都降低了恐怖分子研制生物武器的门槛。实在是不可不防。

◎世界各国生物武器概况

生物武器是生物战剂及其施放装置的总称，以生物战剂杀死有生力量和毁坏植物的武器统称为生物武器，它的杀伤破坏作用靠的是生物战剂。生物武器的施放装置包括炮弹、航空炸弹、火箭弹、导弹弹头和航空布撒器、喷雾器等。

德　国

第一次世界大战期间德国曾利用间谍撒播马鼻疽杆菌及炭疽杆菌感染对方的骡马。这是 20 世纪生物武器的第一次应用。1917 年德国用飞机在罗

趣味点击　　喷雾器

喷雾器是利用空吸作用将药水或其他液体变成雾状，均匀地喷射到其他物体上的器具，由压缩空气的装置和细管、喷嘴等组成。

马尼亚上空撒播被污染的水果、巧克力和玩具。但德国更信赖化学战。由于德国大力发展化学武器和第一次世界大战的失败，德国放弃了生物武器计划。

但生物武器的发展却进入了一个世界性的繁荣时期，各个大国都制定了生物武器研制计划，进行生物武器研制，并且还公开或秘密地应用于实战。

英 国

1916 年，英国于波顿建立了世界上最早的生物武器研究基地。此后波顿成为全世界最权威的生物化学武器研究机构。第二次世界大战期间，波顿基地的研制工作取得了突破性的进展。以下事实可以印证，1942 年英国曾计划并生产 500 万块的混有炭疽杆菌的饲料饼，准备投放到德国居民点，但该计划取消。1941 年 10 月，英国军情五处在"类人猿"计划中，用肉毒素刺杀了德国纳粹头目赖因哈德·海德里希。但是随着欧洲战场吃紧，英国放弃了巨大的生物武器研发计划，转为和美国、加拿大共同研发生物武器。

日 本

1935 年，日本在我国哈尔滨建立细菌战研究所，名称为"关东军防疫给水部队"，代号"731"，附设监狱和实验场。731 部队进行人体的活体试验，遭杀害者达 10 000 人以上。1940 年、1944 年日军在我国浙江、湖南、河南等地撒布伤寒杆菌、鼠疫杆菌和霍乱弧菌致使霍乱流行，仅感染鼠疫致死者达 700 多人。日本在我国承德撒布霍乱弧菌导致万余人死亡，而且也导致 1 700 名日本士兵死亡。"731"部队在技术上有一定的突破，比如发

霍 乱

霍乱是一种烈性肠道传染病，两种甲类传染病之一，由霍乱弧菌污染水和食物而引起传播。临床上以起病急骤、剧烈泻吐、排泄大量米泔水样肠内容物、脱水、肌痉挛、少尿和无尿为特征。严重者可因休克、尿毒症或酸中毒而死亡。在医疗水平低下和治疗措施不力的情况下，病死率甚高。

明了装有活体跳蚤的陶瓷炸弹。此外，日本还在战俘营中用霍乱弧菌进行屠杀。尽管日军屡次应用，但是生物武器在战争中的效果甚微。战败后，日军大规模的生物武器计划终结。

前苏联

前苏联曾在斯大林格勒战役中使用土拉弗朗西斯菌，但战果不详。前苏联在"冷战"期间，进行了大规模的生物武器研究和储备，这可以从以下事件中得到验证。1979 年 4 月，前苏联的斯维尔德洛夫斯克的生物武器工厂发生一起炭疽芽孢杆菌气溶胶外泄事件，导致上千人死于肺炭疽。1982 年，前苏联援助越南在柬埔寨战争中曾使用过镰刀菌（TS）毒素黄雨。

美　国

美国在一战后开始发展生物武器，而且也参与针对生化武器的军备谈判，这些都是为了保障自身安全。1925 年 6 月 17 日，美国在日内瓦签署了《关于禁用毒气或类似毒品及细菌方法作战议定书》，但《日内瓦协定》只能在禁止生化武器的首次使用方面发挥作用，以"防御"为目的的研制和储备不违反这一协定。

20 世纪 30 年代末开始，美国投入大量人力、物力、财力，研究新型的生物武器，其目的是为了"防御德国或日本可能

拓展阅读

肉毒素

肉毒素又称肉毒杆菌内毒素，它是由致命的肉毒杆菌分泌而出的细菌内毒素，有剧毒。肉毒素作用于胆碱能运动神经的末梢，以某种方式拮抗钙离子的作用，干扰乙酰胆碱从运动神经末梢的释放，使肌纤维不能收缩致使肌肉松弛以达到除皱美容的目的。肉毒素最早被用来作为生化武器，它能破坏神经系统，使人出现头晕、呼吸困难等症状。在 1986 年，加拿大一位眼科教授发现肉毒素能让眼部皱纹消失，才将肉毒素应用于美容行业。

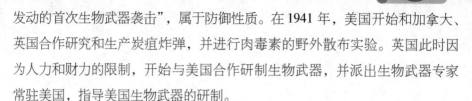

发动的首次生物武器袭击"，属于防御性质。在 1941 年，美国开始和加拿大、英国合作研究和生产炭疽炸弹，并进行肉毒素的野外散布实验。英国此时因为人力和财力的限制，开始与美国合作研制生物武器，并派出生物武器专家常驻美国，指导美国生物武器的研制。

1969 年，美国基于以下 3 个理由对生物武器的政策进行了根本性的调整：①由于尼克松主义的收缩战略，美国大力削减军费。②生物武器耗资巨大，但性能不稳定，作战效果差。③美国急于改变政府形象和国家形象，而生物武器的使用已经泛化为道德问题，社会意识形态成本太高。美国生物武器政策改变表现为：①重视化学武器，轻视生物武器；②重技术储备，轻装备部队，在研究中重防御技术和探测技术；③将生物武器泛化为道德问题，制约他国。

1972 年 4 月在美国、前苏联、英国的首都公开签署了《禁止细菌（生物）和毒素武器的发展、生产及储存以及销毁这类武器的公约》。

20 世纪末，美国将生物武器的军事用途向国土防御和公共安全领域倾斜。现在美国提出建立全国性的预警系统的概念。

◎ 利用生物战剂的恐怖袭击和解决办法

恐怖袭击所施放的病毒或细菌侵入人体后，会破坏人的生理功能而发病。目前的大多数细菌或病毒使人发病后，会出现发烧、头痛、全身无力、恶心、上吐下泻、咳嗽、呼吸困难、局部或全身疼痛等症状，如不采取医疗措施，轻者在一段时间后可能会痊愈，重者还会有生命危险。一般恐怖袭击所采用的细菌或病毒引起的大多数传染病，都可通过在人群中传播流行。特别是鼠疫、天花、霍乱和斑疹伤寒等病原体效果非常显著，有的还可感染当地的动物和昆虫，形成疫源地，造成持续性危害。

日本恐怖组织的病毒袭击

1995 年 3 月，日本恐怖组织奥姆真理教在东京地铁释放化学毒剂沙林后，警方突击搜查了这个组织的实验室，发现他们正在进行一项原始的生物武器研究计划，研究的病原体有炭疽杆菌、贝氏柯克斯体和肉毒毒素，并在生物武器库中发现肉毒毒素和炭疽芽孢以及装有气溶胶化的喷洒罐。检查中，警方发现他们用炭疽杆菌和肉毒毒素在日本进行过 3 次不成功的生物攻击的记录。他们曾经对东京市民发动过细菌战争，在一些高楼顶上，施放炭疽芽孢杆菌。所幸的是，当地居民除闻到一股难闻的气味外，没有任何人发生炭疽病。原因是奥姆真理教徒所掌握的炭疽细菌丢失了一个质粒，DNA 结构存在缺陷，因此并不能够伤人，真是不幸中之万幸。

美国恐怖组织的病毒袭击

1984 年 11 月 30 日，两艘停泊在大西洋军事基地的美国潜水艇上，忽然发生严重的食物中毒，当时总共有 63 人中毒，其中 50 人死亡。这一事件引起美国政府高度重视。经过调查，发现官兵们的中毒现象是在饮用了从附近商店订购的罐装橘汁引起的。这些橘汁被肉毒毒素所"污染"。肉毒毒素是生物武器"冷血杀手"之一。在事发 24 小时之后，一个恐怖组织声称与此次生物恐怖行动有关。

肉毒杆菌毒素

肉毒杆菌毒素，是由一种被微生物学家称之为梭状芽孢肉毒杆菌的细菌产生的蛋白质神经毒素，堪称目前世界上毒性最强的物质，甚至比氢化物的毒性还要强 10 000 倍，是沙林毒气毒性的 10 万倍！肉毒杆菌的芽孢耐热性极强，在开水中可以存活 5～22 小时。在缺氧或无氧状态下，如在加工消毒不良的罐装肉类、海鲜及素菜食品罐头里，严重污染不清洁的伤口里，肉毒杆菌都会大量繁殖增生，同时产生肉毒杆菌毒素。

感染毒素的重症患者，经常因为并发吸入性肺炎和心力衰竭于 2～3 天内死亡。病死率曾高达 40%～60%。目前，美国的肉毒病例死亡率已降至6%。虽然目前已经有了肉毒类毒素疫苗，但是并没有在人群中进行普遍接种。

预防和清除生物战剂的措失

使用那种用过氯乙烯超细纤维制成的防护口罩可以有效地防止病毒的入侵。这种口罩对气溶胶滤效在 99.9% 以上。在紧急情况下，如果没有防毒面具或特殊型的防护口罩，也可采用容易得到的材料制造简便的呼吸道防护用具，例如脱脂棉口罩、毛巾口

你知道吗

心力衰竭

心力衰竭又称"心肌衰竭"，是指心脏当时不能搏出同静脉回流及身体组织代谢所需相称的血液供应。往往由各种疾病引起心肌收缩能力减弱，从而使心脏的血液输出量减少，不足以满足机体的需要，并由此产生一系列症状和体征。

罩、三角巾口罩、棉纱口罩以及防尘口罩等。此外，还需要保护好皮肤，以防有害微生物通过皮肤侵入身体。通常采用的办法有穿隔绝式防毒衣或防疫衣以及戴防护眼镜等。

为了更有效地防止生物武器的危害，在可能发生生物战的时候，可以有针对性地打预防针。对于清除生物战剂来说，可以采用的办法有：

（1）烈火烧煮。

烈火烧煮是消灭生物战剂最彻底的办法之一。

（2）药液浸喷。

药液浸喷是对付生物战剂的主要办法之一。喷洒药液可利用农用喷药机械或飞机等。杀灭微生物的浸喷药物主要有漂白粉、三合二（三份氯酸钙两份氢氧化钙）、优氯净（二氯异氰尿酸钠）、氯胺、过氧乙酸、福尔马林等。

对于施放的战剂微生物，由于它们可能附在一些物品上，既不能烧，又不能煮，也不能浸、不能喷，对付的办法就是用烟雾熏杀。此外，皂水擦洗和阳光照射以及泥土掩埋等也是可以采用的办法。

🔊 生物战的发展

进行生物战的手段，时常与化学战不同。前文描述的生物战后果表明，敌人是在不放一枪一炮、兵不血刃的情况下取胜的。联合国在有关生物战的报告中指出，近代世界要进行生物战可能有以下几种途径：①与化学战一样，使用炸药进行爆炸，将生物战剂，即细菌或病毒分散开来。这种方法倒是干脆，但却存在诸多缺点，即难以准确对准目标、炸药的破坏性冲击和爆炸产生的热量使很大一部分菌剂损失而不能发挥作用。②用喷洒器喷洒，喷出可悬浮于大气中的菌剂。③用飞机布撒干剂或施放用细菌制成的战弹。此外，还存在着专门适用于秘密战和恐怖行动的生物战手段，它们与特务、纵火、投毒等行径相似，是新时期值得人们重视的罪恶行径。

生物战的图景之一，就是放毒者对水库、通风系统、车站、商店等场所进行布毒污染。这种行动在战争中，如在核袭击后的敌国卫生机构混乱中或紧急动员时，就会变得更为有效。一旦生物战付诸实施，其造成的损失将无法估计。专家说，若将核武器、化学武器与生物武器三者进行比较，生物武器对人员所造成的伤亡损失，将是最大的。

20世纪以来，科学发展，生物学、微生物学和武器生产技术的发展，为研制生物武器提供了条件。细菌战、生物战也随着科技发展的足迹发展起来。生物武器的研究、发展和实战大致可分下述3个阶段：

（1）从20世纪初到第一次世界大战结束，主要研制国家为德国，研制的战剂仅仅是人、畜共患的致病细菌，如炭疽杆菌、马鼻疽杆菌和鼠疫杆菌等。其生产规模小，施放方法简单，主要由间谍用细菌培养物秘密污染水源、食物和饲料。1917年，德国间谍曾在美索不达米亚用马鼻疽杆菌感染协约国的几千头骡马。

（2）20世纪30～70年代，这是生物武器空前发展的时期。其突出表现是机构增多，经费增加，专家从业人员剧增，科技含量特别是高科技含量空前增多。这一时期的特点是发展的战剂增多，生产规模扩大，主要施放方式是用飞机施放带有战剂的媒介物，扩大了攻击范围。1936 年，日本侵略军在中国东北哈尔滨等地区建立了大规模研究、试验和生产生物武器的基地，其代号为"731"部队。基地建成后，细菌战剂每月生产能力为鼠疫杆菌 300 千克、霍乱弧菌 1 吨，每月能生产 45 千克的跳蚤并研制出包括石井式细菌炸弹在内的 8 种细菌施放装置。1940 年 7 月，日军无视国际公约，在中国浙江宁波地区空投伤寒杆菌 70 千克、霍乱弧菌 50 千克和带鼠疫杆菌跳蚤 5 千克；1941 年夏季、1942 年夏季又分别在中国湖南常德，浙江金华、玉山一带投放细菌，污染土地、水源及食物，造成上述地区近千人死亡。在这期间，英国自 1934 年开始从事对生物武器的防护研究，1939 年决定从防护性研究过渡到进攻性生物武器研究。1941～1942 年，英国曾在苏格兰的格林亚德荒岛上进行炭疽杆菌芽孢炸弹的威力试验，受试羊群大部得病而死。德国于 1943 年在波森建立生物武器研究所，主要研究如何利用飞机喷洒细菌气溶胶的方法、装置。研究的菌剂有鼠疫、霍乱、斑疹、伤寒、立克次氏体和黄热病病毒等。

美国也是细菌战大国。美国国防部 1941 年 11 月成立了生物战委员会，1943 年 4 月在马里兰州的迪特里克堡建立了生物战研究机构，该机构占地 5.2 平方千米，有 2 500 名雇员和 500 名研究人员，1944 年在犹他州达格威试验基地建立生物武器野外试验场。此外，埃基伍德兵工厂和松树崖兵工厂也承担某些研制任务。美国在生物武器研究方面，有两个重要的成就，在当时轰动世界，并被认为是生物武器技术的两大突破，即①完成了一系列空气生物学的实验研究，即"气雾罐计划"，对生物战剂在气体中悬浮的存活情况、动物染病机理和感染剂量进行了深入、细致的研究，奠定了生物气溶胶云雾作为攻击方式的基础。此乃一切细菌、生物或器材，特别是炸弹、布洒器方面的设计、使用之基本理论。②研制成功大量冷冻燥粉状生物战剂，提高了生物战剂的稳定性和储存时间。这一点对生物战剂的储存、运输和使用有重大意义。生物战剂与化学战剂之间的重大区别就在于前者是活性生命物质。

美国军队研究的战剂有炭疽杆菌、马鼻疽杆菌、布氏杆菌、类鼻疽杆菌、鼠疫杆菌、鸟疫衣原体等。第二次世界大战之后，最大的细菌生物战行动属美国在20世纪50年代的细菌战活动。20世纪50年代的朝鲜战争中，美国曾在朝鲜北部和中国东北地区猖狂地进行细菌战。细菌战的主要方式是用飞机撒布带菌昆虫、动物及其他杂物。经国际调查证明，美国使用的生物战剂有鼠疫杆菌、霍乱弧菌及炭疽杆菌等10余种。20世纪60年代后期，美国政府宣布放弃使用生物武器。

拓展阅读

斑 疹

斑疹，成片点状密集分布，色红或紫，抚之不碍手的叫作"斑"，多由热郁阳明，迫及营血而发于肌肤。其形如粟米，色红或紫，高出于皮肤之上，抚之碍手的叫作"疹"（但亦有不高出皮肤，抚之无碍手之感的），多因风热郁滞，内闭营分，从血络透发于肌肤。斑疹是单纯的皮肤颜色改变，可暂时出现或长期存在；根据颜色的不同可分红斑和其他各种色素异常引起的斑疹。

（3）20世纪70年代中期开始，由于生物技术迅速发展特别是脱氧核糖核酸，即生物的遗传物质基因的发现和重组技术的广泛应用，为生物战的发展展现了极为广阔的前景，因为它不但有利于生物战剂的大量生产，而且还为研制、创造和生产特定的适合于生物战要求的新战剂创造了条件。生物技术的飞速发展，已将传统的生物武器带进了"基因武器"新阶段，从而再次引起一些国家对生物武器的重视。尽管已有禁止生物战的公约，尽管生物武器已被带入"基因武器"范畴，我们仍应对生物战战剂有一基本了解。

生物战，原名细菌战，其所以称生物战，是因为现在使用的战剂不光是原有的那些球菌、杆菌、螺旋体菌，而且还包括不能称之为细菌的立克次氏体、病毒、毒素、衣原体和真菌等。细菌是单细胞生物。在显微镜没发明以前，人们根本不知道它的存在，而把病、死看成是神鬼作怪。有了显微镜，人们发现了细菌，才从病人身上找到致病原因。立克次氏体是一种比细菌还要小的东西，其体积在细菌和病毒之间，在显微镜下呈球形或短杆形。这种微生物低温冻不死，但惧怕高温，可用其作为生物战剂传播 Q 热和斑疹伤寒等。病毒小到即使在普通显微镜下也不能看到。它没有细胞结构，只能在一定活细胞内寄存。病毒分动物病毒、植物病毒和细菌病毒，可成为生物战剂的有多种动物病毒，如黄热病病毒及各种脑炎病毒等。毒素是在某些致病性细菌在其生长繁殖过程中合成出的有毒害作用的物质，如肉毒杆菌毒素、葡萄球菌肠毒素等。

最后还有衣原体及真菌，它们也可成为生物战剂。它们中有粗球孢子菌以及鸟疫衣原体等。所有这些战剂物质，现都可以人为地在实验室大量培养，并通过各种途径和方法，增加它们的毒性，提高它们的传染能力，然后借助各种载体（包括昆虫、鸟兽、器材武器乃至人员）进行分散、传播，最终使人致病，形成瘟疫，从而达到使用者的目的。

然而不管使用哪种生物战剂载体和哪种生物战剂，总是要有一定途径，才能达到使人致病的目的。致病的细菌，有的从空气中来，如通过带菌者咳嗽、喷嚏排出的痰液和唾沫等，使病人成为二次传播媒介，造成天花、流感、脑膜炎等蔓延起来。有的细菌出自粪便，由苍蝇的行迹来决定，通过食物、饮水，从口而入，到达胃肠内作病，如霍乱、伤寒、痢疾等。有的细菌潜伏在灰尘、泥土、兽毛和兽皮上，

趣味点击　　**跳蚤**

跳蚤是小型、无翅、善跳跃的寄生性昆虫，成虫通常生活在哺乳类动物身上，少数在鸟类。触角粗短。口器锐利，用于吸吮。腹部宽大，有9节。后腿发达、粗壮。完全变态昆虫。蛹被茧所包住。跳蚤为属于蚤目的完全变态类昆虫。成虫体型微小或小型，无翅，体坚硬侧扁，外寄生于哺乳类和鸟类体上，具刺吸式口器，雌雄均吸血；幼虫无足呈圆柱形，营自由生活，具咀嚼式口器，以成虫血便或有机物质为食。

通过人的血液孔进入人体，专门从皮肤伤口潜入作病，如炭疽杆菌所致的炭疽病等。还有的躲在蚊子、跳蚤、虱子身上，通过它们咬人时，乘机进入人体，引起鼠疫、疟疾、黄热病、立克次氏病等。当然，人类在发现生物战剂、研究生物战剂和发展生物战剂的同时，也在研究如何预防和治疗生物战剂带来的疾病。我们作为公民则应锻炼身体，增强体质，讲究卫生，减少疾病。强壮的体质，讲究卫生的习惯，高度的组织性、纪律性和警惕性，不但是国防的需要，也是建设有中国特色的社会主义社会的需要。

病毒学家与病毒的故事

　　你知道这些病毒学家是怎样练就的么？这一章让我们来探究他们从小学、中学、大学一步步地走过来，又一步步地走向科学殿堂、登上科学高峰的过程；他们的那些给人类造福的本领、让世界欢呼的业绩，又是如何一天天、一年年地炼出来、创出来的。希望你能从中获得有益的启示，爱科学、学科学、用科学，像科学大师那样学习、钻研、创新、奉献，培养自身良好的科学素质，促使自己成为献身科学、建设国家的栋梁之才。

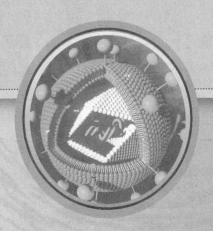

路易斯·巴斯德

路易斯·巴斯德

　　路易斯·巴斯德（1822～1895）是法国微生物学家、化学家，近代微生物学的奠基人。像牛顿开辟出经典力学一样，巴斯德开辟了微生物领域，创立了一整套独特的微生物学基本研究方法，开始用"实践—理论—实践"的方法开始研究，他也是一位科学巨人。

　　巴斯德一生进行了多项探索性的研究，取得了重大成果，是19世纪最有成就的科学家之一。他用一生的精力证明了3个科学问题：①每一种发酵作用都是由于一种微菌的发展。这位法国化学家发现用加热的方法可以消灭那些让啤酒变苦的恼人的微生物。很快，"巴氏杀菌法"便应用在各种食物和饮料上。②每一种传染病都是一种微菌在生物体内的发展。由于发现并根除了一种侵害蚕卵的细菌，巴斯德拯救了法国的丝绸工业。③传染病的微菌，在特殊的培养之下可以减轻毒力，使它们从病菌变成防病的疫苗。他意识到许多疾病均由微生物引起，于是建立起了细菌理论。

　　路易斯·巴斯德被世人称颂为"进入科学王国的最完美无缺的人"，他不仅是个理论上的天才，还是个善于解决实际问题的人。他于1843年发表的两篇论文——"双晶现象研究"和"结晶形态"，开创了对物质光学性质的研究。1856～1860年，他提出了以微生物代谢活动为基础的发酵本质新理论，1857年发表的"关于乳酸发酵的记录"是微生物学界公认的经典论文。1880年后又成功地研制出鸡霍乱疫苗、狂犬病疫苗等多种疫苗，其理论和免疫法引起了医学实践的重大变革。此外，巴斯德的工作还成功地挽救了法国处于困境中的酿酒业、养蚕业和畜牧业。

巴斯德被认为是医学史上最重要的杰出人物。巴斯德的贡献涉及几个学科，但他的最重要贡献则集中在保卫、支持病菌论及发展疫苗接种以防疾病方面。

巴斯德并不是病菌的最早发现者，在他之前已有人提出过类似的假想。但是，巴斯德不仅提出关于病菌的理论，而且通过大量实验，证明了他的理论的正确性，令科学界信服，这是他的主要贡献。

既然病因在于细菌，那么显而易见，只有防止细菌进入人体才能避免得病。因此，巴斯德强调医生要使用消毒法。向世界提出在手术中使用消毒法的约瑟夫·辛斯特便是受了

拓展阅读

发　酵

发酵的定义由使用场合的不同而不同。通常所说的发酵，多是指生物体对于有机物的某种分解过程。发酵是人类较早接触的一种生物化学反应，如今在食品工业、生物和化学工业中均有广泛应用。发酵工程也是生物工程的基本过程。对于其机理以及过程控制的研究，还在继续。

巴斯德的影响。有毒细菌是通过食物、饮料进入人体的。巴斯德发展了在饮料中杀菌的方法，后称之为巴氏消毒法（加热灭菌）。

巴斯特50岁时将注意力集中到恶性痈疽上。那是一种危害牲畜及其他动物，包括人在内的传染病。巴斯德证明其病因在于一种特殊细菌。他使用减毒的恶性痈疽杆状菌为牲口注射。

1881年，巴斯德改进了减轻病原微生物毒力的方法，他观察到患过某种传染病并得到痊愈的动物，以后对该病有免疫力。据此用减毒的炭疽、鸡霍乱病原菌分别使绵羊和鸡获得了对这两种病菌的免疫功能。这个方法大大激发了科学家的热情。人们从此知道利用这种方法可以预防甚至消灭许多传

染病。

1882 年，巴斯德被选为法兰西学院院士，同年开始研究狂犬病，证明病原体存在于患兽唾液及神经系统中，并制成病毒活疫苗，成功地帮助人获得了该病的免疫力。按照巴斯德免疫法，医学科学家们创造了防止若干种危险病的疫苗，成功地降低了斑疹伤寒、小儿麻痹等疾病的威胁。

正是他做了比别人多得多的实验，才能令人信服地说明微生物的产生过程。巴斯德还发现了厌氧生活现象，也就是说某些微生物可以在缺少空气或氧气的环境中生存。巴斯德对蚕病的研究具有极大的经济价值。他还发展了一种用于抵御鸡霍乱的疫苗。

1854 年 9 月，法国教育部委任巴斯德为里尔工学院院长兼化学系主任，在那里，他对酒精工业产生了兴趣，而制作酒精的一道重要工序就是发酵。当时里尔一家酒精制造工厂遇到技术问题，请求巴斯德帮助研究发酵过程，巴斯德深入工厂考察，把各种甜菜根汁和发酵中的液体带回实验室观察。经过多次实验，他发现，发酵液里有一种比酵母菌小得多的球状小体，它长大后就是酵母菌。

知识小链接

酒 精

酒精是一种无色透明、易挥发、易燃烧，不导电的液体。有酒的气味和刺激的辛辣滋味，微甘。学名是乙醇，因为它的化学分子式中含有羟基，所以叫做乙醇。

过了不久，在菌体上长出芽体，芽体长大后脱落，又成为新的球状小体，在这循环不断的过程中，甜菜根汁就"发酵"了。巴斯德继续研究，发现了发酵时所产生的酒精和二氧化碳气体都是酵母使糖分解得来的。这个过程即使在没有氧的条件下也能发生，他认为发酵就是酵母的无氧呼吸并控制它们的生活条件，这是酿酒的关键环节。

◎ 微生物学的奠基人

巴斯德弄清了发酵的奥秘，这是他成为一位伟大微生物学家的重要一步。

当时，法国的啤酒业在欧洲是很有名的，但啤酒常常会变酸，整桶的芳香可口的啤酒，变成了酸得让人咧嘴的黏液，只得倒掉，这使酒商叫苦不迭，有的甚至因此而破产。1865 年，里尔一家酿酒厂厂主请求巴斯德帮助医治啤酒的病，看看能否加进一种化学药品来阻止啤酒变酸。

巴斯德答应研究这个问题，他在显微镜下观察，发现未变质的陈年葡萄酒和啤酒，其液体中有一种圆球状的酵母细胞，当葡萄酒和啤酒变酸后，酒液里有一根根细棍似的乳酸杆菌，就是这种"坏蛋"在营养丰富的啤酒里繁殖，使啤酒"生

趣味点击 **乳酸杆菌**

乳酸杆菌是指能使糖类发酵产生乳酸的细菌，酸牛奶中有此菌。是一群生活在机体内益于宿主健康的微生物，它维护人体健康和调节免疫功能的作用已被广泛认可。

病"。他把封闭的酒瓶放在铁丝篮子里，泡在水里加热到不同的温度，试图既能杀死乳酸杆菌，而又不把啤酒煮坏，经过反复的试验，他终于找到了一个简便有效的方法：只要把酒放在 56℃ 的环境里，保持半小时，就可杀死酒里的乳酸杆菌，这就是著名的"巴氏消毒法"，这个方法至今仍在使用，市场上出售的消毒牛奶就是用这种办法消毒的。

当时，啤酒厂厂主不相信巴斯德的这种办法，巴斯德不急不恼，他对一些样品加热，另一些不加热，告诉厂主耐心地等上几个月，结果呢，经过加热的样品打开后酒味纯正，而没有加热的已经酸了。

与此同时，法国南部的养蚕业正面临一场危机，一种病疫造成蚕的大量死亡，使南方的丝绸工业遭到严重打击，人们又向巴斯德求援，巴斯德的老师杜马也鼓励他挑起这副担子。

巴斯德想到法国每年因蚕病要损失 1 亿法郎时，他不再犹豫了，作为一

名科学家，有责任拯救濒于毁灭的法国蚕业。巴斯德接受了农业部长的委派，于1865年只身前往法国南部的蚕业灾区阿莱。

蚕得的是一种神秘的怪病，让人看了心里非常不舒服，一只只病蚕常常抬着头，伸出的脚像猫爪似的要抓人；蚕身上长满棕黑的斑点，就像黏了一身胡椒粉，多数人称这种病为"胡椒病"。得了病的蚕，有的孵化出来不久就死了，有的挣扎着活到第3龄、4龄后也挺不住了，最终难逃一死。极少数的蚕结成茧子，可钻出来的蚕蛾却残缺不全，它们的后代也是病蚕。当地的养蚕人想尽了一切办法，仍然治不好蚕病。

知识小链接

蚕　蛾

　　蚕蛾的形状像蝴蝶，全身披着白色鳞毛，但由于两对翅较小，已失去飞翔能力。蚕蛾的头部呈小球状，长有鼓起的复眼和触角；胸部长有一对胸足及两对翅；腹部已无腹足，末端体节演化为外生殖器。雌蛾体大，爬动慢；雄蛾体小，爬动较快，翅膀飞快地振动，寻找着配偶。一般交尾3~4小时后，雌蛾就可产下受精卵。蚕蛾（成虫）留下后代，不久之后便会死去。蚕蛾产下的卵→孵蚕→变蛹→化蛾，又将完成新一代的循环。这就是蚕的生命史。

巴斯德用显微镜观察，发现一种很小的、椭圆形的棕色微粒，是它感染丝蚕以及饲养丝蚕的桑叶，巴斯德强调所有被感染的蚕及污染了的食物必须毁掉，必须用健康的丝蚕从头做起。为了证明"胡椒病"的传染性，他把桑叶刷上这种致病的微粒，健康的蚕吃了，立刻染上病。他还指出，放在蚕架上面格子里的蚕的病原体，可通过落下的蚕粪传染给下面格子里的蚕。

巴斯德还发现蚕的另一种疾病——肠管病。造成这种蚕病的细菌，寄生在蚕的肠管里，它使整条蚕发黑而死，尸体像气囊一样软，很容易腐烂。

巴斯德告诉人们消灭蚕病的方法很简单，通过检查淘汰病蚕蛾，遏止病害的蔓延，不用病蚕蛾的卵来孵蚕。这个办法挽救了法国的养蚕业。

　　巴斯德一生发明很多，对生物科学和医学作出了杰出的贡献。一次偶然的机遇，使他找到了解决鸡霍乱的灵丹妙药。

　　鸡霍乱是一种传播迅速的瘟疫，来势异常凶猛，家庭饲养的鸡一旦染上鸡霍乱就会成批死亡。有时，人们看到有的鸡刚才还在四处觅食，过一会儿却忽然两腿发抖，随后便倒了下去，挣扎几下便一命呜呼了。有的农妇晚上在关鸡窝时，还看到鸡都活蹦乱跳的，但第二天就都死光了，横七竖八地躺在窝里。1880 年，法国农村流行着可怕的鸡霍乱，巴斯德决心制伏这种瘟疫。

　　为了弄清鸡霍乱的病因，巴斯德以培养纯粹的鸡霍乱细菌作为突破口，他试用了好多种培养液，他断定鸡肠是鸡霍乱病菌最适合的繁殖环境，传染的媒介则是鸡的粪便。他经过多次实验，但都失败了。茫然无序中，他只得放松一下，停下研究工作，休息了一段时间。

　　休息几天以后，巴斯德又开始了研究实验，这时，他发现"新大陆"了。他用陈旧培养液给鸡接种，鸡却未受感染，好像这种霍乱菌对鸡失去了作用。这是怎么回事呢？巴斯德顺藤摸瓜，终于发现，因空气中氧气的作用，霍乱菌的毒性便日渐减弱。于是，他把几天的、1 个月的、2 个月和 3 个月的菌液，分别注入健康的鸡体，做一组对比实验，鸡的死亡率分别是 100%、80%、50% 和 10%。如果用更久的菌液注射，鸡虽然也得病，但却不会死亡。事情并未到此结束，他另用新鲜菌液给同一批鸡再次接种，使他惊奇的是，几乎所有接种过陈旧菌液的鸡都安然无恙，而未接种过陈旧菌液的鸡却都染病而死。实践证明，凡是注射过低毒性的菌液的鸡，再给它注入毒性足以致死的鸡霍乱菌，它也具有抵抗力，病势轻微，甚至毫无影响。

　　预防鸡霍乱的方法找到了！巴斯德从这一偶然的发现中，进一步证实了他的减弱病免疫法原理，使他产生从事制造抗炭疽的疫苗的设想。虽然在他之前英国医生琴纳发明牛痘接种法，但有意识地培养制造成功免疫疫苗，并广泛应用于预防多种疾病，巴斯德堪称第一人。

　　"意志、工作、成功，是人生的三大要素。意志将为你打开事业的大门；工作是入室的路径；这条路径的尽头，有个成功来庆贺你努力的结果……只要有坚强的意志，努力的工作，必定有成功的那一天。"这是巴斯德关于成功的一段至理名言。

◎ 不朽的功绩

新鲜的食品在空气中放久了，会腐败变质，并发现其中有微生物。这些微生物从何而来？当时有一种观点认为，微生物是来自食品和溶液中的无生命物质，是自然发生的——自然发生说。巴斯德通过自己精巧的实验给持有这种观点的人以有力的反驳。

巴斯德设计了一个鹅颈瓶（曲颈瓶），现称巴斯德烧瓶。烧瓶有一个弯曲的长管与外界空气相通。瓶内的溶液加热至沸点，冷却后，空气可以重新进入，但因为有向下弯曲的长管，空气中的尘埃和微生物不能与溶液接触，使溶液保持无菌状态，溶液可以较长时间不腐败。如果瓶颈破裂，溶液就会很快腐败变质，并有大量的微生物出现。实验得到了令人信服的结论：腐败物质中的微生物是来自空气中的微生物，鹅颈烧瓶实验也推动了巴斯德创造一种有效的灭菌方法——巴氏灭菌法。

基本
小知识

曲颈瓶

曲颈烧瓶是一种蒸馏烧瓶。它的柄是代替冷却管用，集蒸馏和冷凝为一体。一般实验室用来制备二氯化硫、硫酸等之用。其塞便于插温度计或分液漏斗之用。

巴氏灭菌法又称低温灭菌法，先将要求灭菌的物质加热到65℃保持30分钟或加热到72℃保持15分钟，随后迅速冷却到10℃以下。这样既不破坏营养成分，又能杀死细菌的营养体，巴斯德发明的这种方法解决了酒质变酸的问题，拯救了法国酿酒业。现代的食品工业多采取间歇低温灭菌法进行灭菌。可见，巴斯德的功绩有多大。

而后，巴斯德又专心研究动物的炭疽病，他成功地从患有炭疽病的动物（如牛、羊）的血液中分离出一种病菌并进行纯化，证实就是这种病菌使动物感染致病而亡。这就是动物感染疾病的病菌说观点。但是，当时的内科医生和兽医们却普遍认为疾病是在动物体内产生的，由疾病产生了某种有毒物质，然后，也许是由这些有毒物变成了微生物。后来巴斯德又研究妇科疾病产褥热。他认为这种病是由于护理和医务人员把已感染此病的妇女身上的微生物带到健康妇女身上，而使她们得病。

由此可见，巴斯德虽不是一名医生，但他对医学的贡献也是无法估量的，他为医学生物学奠定了基础。

巴斯德成功地研究出对付炭疽病的方法。他把炭疽病的病菌培养在温度为 42℃ ~43℃ 的鸡汤中。这样，此病菌不形成孢子，从而选择出没有毒性的菌株作为疫苗进行接种。

巴斯德是世界上最早成功研制出炭疽病减毒活性疫苗的人，从而使畜牧业免受灭顶之灾。

◎ 光辉的顶点

巴斯德晚年对狂犬病疫苗的研究是他事业的光辉顶点。

狂犬病虽不是一种常见病，但当时的死亡率为 100% 。1881 年，巴斯德组成一个三人小组开始研制狂犬病疫苗。在寻找病原体的过程中，虽然经历了许多困难与失败，最后还是在患狂犬病的动物脑和脊髓中发现一种毒性很强的病原体（现经电子显微镜观察是直径 25 ~ 800 纳米，形状像一颗子弹似的棒状病毒）。

为了得到这种病毒，巴斯德经常冒着生命危险从患病动物体

你知道吗

病原体

病原体指可造成人或动物感染疾病的微生物（包括细菌、病毒、立克次氏体、寄生虫、真菌）或其他媒介（微生物重组体包括杂交体或突变体）。

内提取。一次，巴斯德为了收集一条疯狗的唾液，竟然跪在狂犬的脚下耐心等待。这种为了科学研究而把生死置之度外的崇高献身精神，难道不值得我们后人去学习和称颂吗！

巴斯德把分离得到的病毒连续接种到家兔的脑中使之传代，经过 100 次兔脑传代的狂犬病毒给健康狗注射时，奇迹发生了，狗居然没有得病，这只狗具备了免疫力。

巴斯德把多次传代的狂犬病毒随脊髓一起取出，悬挂在干燥的、消毒过的小屋内，使之自然干燥 14 天减毒，然后把脊髓研制成乳化剂，用生理盐水稀释，制成原始的巴斯德狂犬病疫苗。

1885 年 7 月 6 日，9 岁法国小孩梅斯特被狂犬咬伤 14 处，医生诊断后宣布他生存无望。然而，巴斯德每天给他注射一支狂犬病疫苗。2 周后，小孩转危为安。巴斯德是世界上第一个能从狂犬病中挽救生命的人。1888 年，为表彰他的杰出贡献，成立了巴斯德研究所，他亲自担任所长。

巴斯德严谨的、科学的实验设计，他淡泊名利的高尚情操，他为追求真理而不顾个人安危的献身精神将永远留在我们的心中。

巴斯德为微生物学、免疫学、医学，尤其是为微生物学，做出了不朽贡献，"微生物学之父"的美誉当之无愧。

◎ 伟大的爱国情操

由于巴斯德在科学上的卓越成就，使得他在整个欧洲享有很高的声誉，德国的波恩大学郑重地把名誉学位证书授予了这位赫赫有名的学者。但是，普法战争爆发后，德国强占了法国的领土，出于对自己祖国的深厚感情和对侵略者德国的极大憎恨，巴斯德毅然决然把名誉学位证书退还给了波恩大学，他说："科学虽没有国界，但科学家却有自己的祖国。"这掷地作响的话语，充分表达了一位科学家的爱国情怀，并因此而成为一句不朽的爱国名言。

◑ 托马斯·哈克尔·韦勒

托马斯·哈克尔·韦勒是一位美国病毒学家。1915 年出生于美国密执安州的安纳巴。1946 年获得哈佛大学医学博士学位。1942 年参军，战争结束后回到波士顿儿科医院，1947 年参加儿科医院传染研究所工作。1954 年，他与约翰·富兰克林·恩德斯、弗雷德里克·查普曼·罗宾斯一同被授予了诺贝尔生理学或医学奖，以表彰他们在实验环境下培育脊髓灰质炎病毒的成就。

除了赢取诺贝尔奖的在脊髓灰质炎的研究，韦勒还为血吸虫病与柯萨奇病毒的治疗做出了贡献。他最先发现了水痘 - 带状疱疹病毒。1955 年他发现了小儿细胞巨大包涵体疾病的病毒，指出胎儿如果感染这种病毒，出生后会发生智力低下或麻痹症等状况。他的重大贡献就是在波士顿儿科中心医院传染病研究所对小儿麻痹病毒分离成功。

◑ 温德尔·梅雷迪思·斯坦利

斯坦利是美国生化学家和病毒学家，1904 年 8 月 16 日出生于印第安纳州。在伊利诺伊州立大学取得博士学位，在普林斯顿病理实验室从事植物病理学研究。他首先用盐析法从植物细胞中分离出传染性病毒的晶体蛋白，提示了病毒能通过细胞遗传的反应机理，开辟了研究癌症的重要途径，推动了病毒学的研究，因而于 1946 年分享诺贝尔化学奖。1971 年 6 月 15 日病逝于西班牙，终年 67 岁。

查尔斯·罗伯特·达尔文

　　查尔斯·罗伯特·达尔文（1809～1882）是英国博物学家，进化论的奠基人。达尔文于 1809 年 2 月 12 日诞生在英国的一个小城镇。

　　达尔文的祖父曾预示过进化论，但碍于声誉，始终未能公开其信念。他的祖父和父亲都是当地的名医，家里希望他将来继承祖业，1825 年，16 岁的达尔文便被父亲送到爱丁堡大学学医。

　　因为达尔文无意学医，进到医学院后，他仍然经常到野外采集动植物标本并对自然历史产生了浓厚的兴趣。父亲认为他"游手好闲""不务正业"，一怒之下，于 1828 年又送他到剑桥大学，改学神学，希望他将来成为一个"尊贵的牧师"，这样，他可以继续他对博物学的爱好而又不至于使家族蒙羞。但是达尔文对自然历史的兴趣变得越加浓厚，完全放弃了对神学的学习。在剑桥期间，达尔文结识了当时著名的植物学家亨斯洛和著名地质学家席基威克，并接受了植物学和地质学研究的科学训练。

　　1831 年达尔文毕业于剑桥大学后，他的老师亨斯洛推荐他以"博物学家"的身份参加同年 12 月 27 日英国海军"小猎犬号"舰环绕世界的科学考察航行。先在南美洲东海岸的巴西、阿根廷等地和西海岸及相邻的岛屿上考察，然后跨太平洋至大洋洲，继而越过印度洋到达南非，再绕好望角经大西洋回到巴西，最后于 1836 年 10 月 2 日返抵英国。

　　这次航海改变了达尔文的生活。回到英格兰后，他一直忙于研究，立志成为一个促进进化论的严肃的科学家。1838 年，他偶尔读了马尔萨斯的《人口论》，从中得到启发，更加确定他自己正在发展的一个很重要的想法：世界并非在一周内创造出来的，地球的年纪远比《圣经》所讲的老得多，所有的动植物也都改变过，而且还在继续变化之中，至于人类，可能是由某种原始的动物转变而成的，也就是说，亚当和夏娃故事根本就是神话。达尔文领悟到生存斗争在生物生活中意义，并意识到自然条件就是生物进化中所必须有的"选择者"，具体的自然条件不同，选择者就不同，选择的结果也就不相同。

然而，他对发表研究结果抱着极其谨慎的态度。1842 年，他开始撰写一份大纲，后将它扩展至数篇文章。1858 年，出于年轻的博物学家华莱士的创造性顿悟的压力，加之好友的鼓动，达尔文决定把华莱士的文章和他自己的一部分论稿呈交专业委员会。1859 年，《物种起源》一书问世，书中用大量资料证明了形形色色的生物都不是上帝创造的，而是在遗传、变异、生存斗争和自然选择中，由简单到复杂，由低等到高等，不断发展变化的，提出了生物进化论学说，从而摧毁了各种唯心的神造论和物种不变论。恩格斯将"进化论"列为 19 世纪自然科学的三大发现之一（其他两个是细胞学说、能量守恒和转化定律）。

作为一个不求功名但具创造性气质的人，达尔文回避了对其理论的争议。当宗教狂热者攻击进化论与《圣经》的创世说相违背时，达尔文为科学家和心理学家写了另外几本书。《人类的由来和性选择》一书报告了人类自较低的生命形式进化而来的证据，报告了动物和人类心理过程相似性的证据，还报告了进化过程中自然选择的证据。

▶ 哈拉尔德·楚尔·豪森

哈拉尔德·楚尔·豪森，生于 1936 年 3 月 11 日，德国著名医学科学家与荣誉退休教授，主要研究领域为病毒学，2008 年诺贝尔生理学或医学奖得主之一。他于 20 世纪 70 年代发现人类乳头状瘤病毒很可能会是子宫颈癌的成因，经深入且细密、锲而不舍的研究，终于证实两者间的直接关联性，病毒会是癌症成因，成为医科学中新的学术理论。

楚尔·豪森林青年时期目睹了战后德国的景象，对待生活十分认真。他专注于学业。虽然经历了 20 世纪 60 年代末期的享乐主义，但是他认为自己从来都不是嬉皮一族。他毕生精力用于研究乳头状瘤病毒。2008 年，因为发现了乳头状瘤病毒是子宫颈癌的成因，他与另外两位法国科学家，弗朗索瓦丝·巴尔和吕克·蒙塔尼获得诺贝尔生理及医学奖。楚尔·豪森在波恩大学、汉堡大学及杜塞尔多夫大学学习医学，并于 1960 年获得医学博士学位。两年后，他进入杜塞尔多夫大学微生物研究所担任科研助理。三年半后，他在美国费城的儿童医院病毒实验室工作。随后成为宾夕法尼亚大学的助理教授。1969 年，他成为维尔茨堡大学教授，并在病毒学研究所工作。1972 年，他执教于纽伦堡大学，1977 年在弗莱堡大学执掌教席。1983 ~ 2003 年，楚尔担任位于海德堡的德国癌症研究中心主席。2003 年 3 月，正式退休。他也是国际癌症期刊的主编。

▶ 病毒学家曾毅

曾毅，病毒学家。1929 年 3 月出生于广东揭西。他幼年时特别爱学习，5 岁便入坡头墟小学读书。1943 年 1 月，他在五经富中学初中毕业后，便考入有名的梅县东山中学读高中。1946 年他高中毕业，考入上海复旦大学商学院，一年后又考入上海医学院。1952 年大学毕业后，留校参加高级师资培训班。1953 年曾毅被调至广州中山医学院微生物室任助教，从事钩端螺旋体、恙虫病和立克次氏体的研究。1956 年曾毅被调至北京中央卫生研究院病毒系，从此开始他的病毒研究工作。

　　在病毒系，他先是研究脊髓灰质炎病毒和肠道病毒，和同事们一起，首次在国内各地进行脊髓灰质炎病毒型别的流行病学调查，参加了我国首次进行的儿童脊髓灰质炎减毒活疫苗的免疫工作，并获得成功。1961 年他研究麻疹病毒，在国内首先应用血凝抑制实验检测麻疹病毒抗体，以检验麻疹疫苗的免疫效果。

　　1962 年曾毅晋升为助理研究员，开始研究肿瘤病毒。他先后研究了多瘤毒、腺病毒、鸡白血病病毒等。首先发现我国母鸡带淋巴白血病病毒的阳性率很高，鸡蛋中病毒阳性率高达 80% 以打破免疫耐受性，鸡获得高滴度的中和抗体，使鸡蛋的带毒率大大下降，甚至转为阴性，为建立不带淋巴白血病病毒的鸡群提供了有效措施。同类的工作国外在 7 年后才有报道。

　　1973 年曾毅开始研究 EB 病毒与鼻咽癌的关系。1974 年他作为客座研究员去英国格拉斯大学研究肿瘤病毒。一年后回国，继续从事鼻咽癌与 EB 病毒关系的研究，一直至今。

　　1977 年曾毅晋升为副研究员，1983 年晋升为研究员。1984 年因在鼻咽癌早期诊断和 EB 病毒与鼻咽癌关系研究中取得的突出成就，被评为对国家有突出贡献的中青年科学家。1993 年曾毅当选为中国科学院院士，现任中国预防医学科学院病毒学研究所肿瘤和艾滋病研究室主任、中华预防医学会会长、中国预防性病艾滋病基金会会长、中华医学会常务理事。曾毅自 1978 年起一直任世界卫生组织肿瘤专家顾问组顾问、国务院学位委员会学科评议组成员。

◤ 病毒学家高尚荫

　　高尚荫（1909～1989），著名病毒学家，中国科学院院士。1909 年 3 月 3 日生于浙江省嘉善县陶庄镇。1930 年高尚荫毕业于东吴大学，并于 1930～1935 年留学美国，获耶鲁大学博士学位。他留学回国后长期在武汉大学任教，曾任中国科学院武汉分院副院长、中南微生物研究所所长、武汉病毒研究所

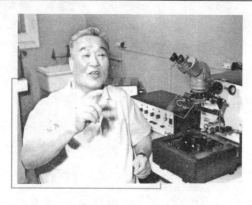

我国著名病毒学家高尚荫

所长和名誉所长、中国微生物学会副理事长、病毒专业委员会主任委员，湖北省及武汉市微生物学会理事长、名誉理事长。

他还担任过国务院学位委员会生物学科评议组组长、教育部高等学校生物教材委员会主任委员、湖北省政治协商会议副主席、湖北省科学技术协会副主席、湖北省对外友协副会长等学术和社会工作。在国际上，高尚荫曾担任过捷克斯洛伐克《病毒学报》编委。他对烟草花叶病毒、流感病毒、新城鸡瘟病毒、农蚕脓病毒、根瘤菌噬菌体、猪喘气病原物及昆虫多角体、颗粒体病毒等的性质及应用进行了研究。并通过烟草花叶病毒的分析研究，证实了病毒性质的稳定性；在国际上，他首次将流感病毒培养于鸭胚尿囊液中。并且创立昆虫病毒单层培养法，在家蚕卵巢、睾丸、肌肉、气管、食道等组织培养中应用成功；他开展了昆虫病毒的物理、化学、生物学的研究，为生物防治提供科学依据；高尚荫还创办了中国最早的病毒学实验室和病毒学专业。

病毒学家黄祯祥

黄祯祥，1910 年 2 月 10 日出生于福建厦门鼓浪屿。病毒学家。1930 年毕业于燕京大学，获硕士学位。1934 年毕业于北京协和医学院，获博士学位。中国医学科学院病毒学研究所教授、名誉所长。他在病毒学上有以下贡献：首创病毒体外培养法新技术，为现代病毒学奠定了基础，被称为"在医学病毒学的发展史上第二次技术革命"；第一次使病毒定量测定的显微镜观察法被革新为肉眼观察法；对流行性乙型脑炎的流行病学、病原学及发病机理的研究，为控制中国乙型脑炎的流行做出了重要贡献；首先发现自然界中存在着不同毒力的乙脑病毒株，并对其生态学与流行的关系、变异的某些规律、保存毒株的方法及疫苗等进行了研究；发明了用福尔马林处理麻疹活疫苗的新方法。

良好的家庭环境使他养成了好读书求知识的习惯。1926 年，他以优异的成绩考取了当时医学界的最高学府北平协和医学院，接受了严格的医学教育。他于 1934 年毕业后，担任了北平协和医院内科医生。北平协和医院是当年中国条件最好、最有权威的医学机构，黄祯祥在这里整整工作了 8 年。他不仅打下了坚实的医学基础，而且培养了善于观察、发现问题和独立解决问题的能力。这期间，他发表了有独到见解的关于白喉杆菌及其免疫的论文，受到了美国医学杂志的重视。青年时期的黄祯祥，凭着他敏锐的洞察力和坚实的医学基础，在对霍乱、链球菌感染、鼠疫等方面的研究上多有建树，发表了一系列研究论文。黄祯祥的才华受到了协和医院的器重，1941 年被选送到美国留学。

黄祯祥在美国留学期间，首创了引起世界病毒学界瞩目的病毒体外培养新技术，为现代病毒学奠定了基础。这时，日本侵略军仍在蹂躏中华大地，中华民族处于危急存亡关头，他毅然谢绝了美国方面的一再挽留，于 1943 年末怀着忧国忧民之心，抱着科学救国的理想返回了祖国，到重庆中央卫生实验院任医理组主任。抗日战争胜利后，他回到北平任中央卫生实验院北平分院院长。

中华人民共和国成立以后，黄祯祥的专业特长开始得以发挥。尽管当时经费少，还不具备

广角镜

链球菌

链球菌是化脓性球菌的另一类常见的细菌，属于芽孢杆菌纲，乳杆菌目，链球菌科。广泛存在于自然界和人及动物粪便和健康人鼻咽部，大多数不致病。医学上重要的链球菌主要有化脓性链球菌、草绿色链球菌、肺炎链球菌、无乳链球菌等。引起人类的疾病主要有：化脓性炎症、毒素性疾病和超敏反应性疾病等。

大规模开展病毒研究的条件，但是政府尽力为他添置了科研设备，配备了助手，他开始着手对流行性乙型脑炎、麻疹、肝炎等病毒的研究工作。黄祯祥决心在中国共产党的领导下为中国的病毒学事业贡献自己的聪明才智。

抗美援朝时期，他积极响应中国共产党的号召，为了粉碎敌人的细菌战争，冒着生命危险深入到中国东北和朝鲜前线进行调查，用自己的专业技术为保卫世界和平做出了贡献。

黄祯祥先后出访过苏联、罗马尼亚、荷兰、埃及、法国、菲律宾、美国等十几个国家，进行讲学和学术交流。1983 年他率中国微生物专家代表团应邀赴美国参加第十三届国际微生物学大会，在美国丹顿市被授予该城的"金钥匙"和"荣誉市民"称号。

黄祯祥享有很高的国际声望。他是美国实验生物医学会会员，还担任美国《国际病毒学杂志》《传染病学论丛》杂志的编委。1983 年他被选为美国传染病学会名誉委员。

黄祯祥对中国医学病毒学事业作出了贡献，他倡议和创建了中华医学会病毒学会，创办了《实验和临床病毒学杂志》（《中华实验和临床病毒学杂志》前身）。他先后主编了《医学病毒学总论》《常见病毒病实验技术》《中国医学百科全书·病毒学》等书。在他晚年生病住院期间还主持编写了《医学病毒学基础及实验技术》《医学病毒学词典》。

黄祯祥为人正直，待人诚恳热情，学识渊博，治学严谨又勇于创新。1985 年他加入了中国共产党，实现了多年的夙愿。正当他以极大的干劲带领研究人员投入新课题病毒免疫治疗肿瘤研究时，1987 年，白血病夺去了他的生命，终年 77 岁。

◎ 病毒培养技术

20 世纪初，国际上对病毒的研究刚刚起步，研究病毒的工作还很不成熟，方法也很落后。由于病毒是微生物中最小的生物，所以当时检测病毒存在与否，需要通过对动物注射含病毒物，观察动物发病或死亡来判断，显然这种方法是十分原始的。病毒还有另外一个特性，即它没有自己的酶系统，需要寄生在活细胞内，因而一般的微生物培养基不能使病毒繁殖和生存。病毒的这两个特性加大了寻找培养病毒新技术的难度。病毒培养是病毒研究中最基础、最关键的一步，可以说没有病毒培养新技术的建立，也就没有病毒研究的突破和发展。因此，许多国家为此投入了大量的人力、物力，国际上许多知名学者为此苦苦探索了几十年。

1943 年黄祯祥在美国发表了《西方马脑炎病毒在组织培养上滴定和中和作用的进一步研究》，这一研究论文立即引起举世瞩目，并得到同行的普遍认可。

这一新技术概括为：

第一步，用人为的方法将动物组织经过处理消化成单层细胞，并给这种细胞以一定的营养成分使其在试管内存活。

第二步，将病毒接种在这种细胞内，经过一段时间，细胞就会出现一系列病理改变。观察者只要用普通显微镜观察细胞有无病变，即可间接判断有无病毒的繁殖。

这项新技术把病毒培养从实验动物和鸡胚的"动物水平"，提高到体外组织培养的"细胞水平"。也正是这项技术的建立，拓宽了国际上病毒学家的思路，世界上许多国家的病毒学者采用或改良了这一技术，成功地发现了许多病毒性疾病的病原，分离出许多新病毒。20 世纪 50 年代，美国著名病毒学家恩德斯获得诺贝尔奖金，就是在采用了黄祯祥这一技术的基础上取得的成果。美国 1982~1985 年出版的《世界名人录》，称黄祯祥这一技术为现代病毒学奠定了基础。

病毒学研究的实践证明：病毒学研究发展到今天的分子病毒学水平，黄祯祥所发现的这一新技术起着重要的作用。迄今为止，世界上还没有找到比这一技术更先进的病毒体外培养的方法。这一新技术至今还广泛应用于病毒性疾病的疫苗研制、诊断试剂的生产和病毒单克隆抗体、基因工程等高技术研究领域。世界上许多国家采用这种技术分离了诸如流行性出血热、麻疹、脊髓灰质炎（小儿麻痹）病毒。近年来在全球引起震动的艾滋病病毒也是采用组织培养这一技术分离得到的。

拓展阅读

出血热

出血热是由流行性出血热病毒引起的自然疫源性疾病，以发热、出血倾向及肾脏损害为主要临床特征的急性病毒性传染病，主要分布于欧亚大陆，是危害人类健康的重要传染病。出血热病毒主要由黏膜和破损的皮肤传播。20世纪80年代中期以来，我国出血热年发病数已逾10万。2011年年末，山东青岛进入出血热高发期，截至2011年12月27日已确诊140例。

◎对乙型脑炎的研究

中华人民共和国建立初期，流行性乙型脑炎是当时严重威胁劳动人民健康的传染病之一。黄祯祥清楚地知道要开展对乙型脑炎的研究，着手解决这一医学难题，困难是很大的。然而，作为新中国第一代病毒学者的责任感，激励着他不能不主动请缨，他向卫生部领导要求，要从乙型脑炎入手开始新中国的病毒研究事业。卫生部门满足了他的愿望，支持他的工作，给了他人力、物力的保证。对乙型脑炎的研究工作从此开始了。

由于当时科技水平的限制，对乙型脑炎这种传染病的认识还很肤浅，乙型脑炎的病原、发病机制、传播规律、诊断、免疫等问题都还没有解决，甚至于在中国流行的乙型脑炎（当时俗称大脑炎）和日本等亚洲国家所流行的乙型脑炎是不是一种病都未能搞清楚。这些问题在当时的病毒学界都是有待揭示的课题。

在新中国成立后的头两年中，黄祯祥组织进行了全面、系统的有关调查工作，由于卫生部门的大力协助及各医疗卫生机构的热诚合作，这项工作是相当顺利的。在进行了大量的流行病学调查之后，黄祯祥带领科研人员开始了病毒分离、实验诊断方法的建立、乙型脑炎传播媒介昆虫生态学、乙型脑炎病毒特性等方面的研究，基本摸清了中国乙型脑炎的流行规律、传播途径及特点，并着重指出蚊虫是传播乙型脑炎的媒介昆虫，从而在技术上具体地指导了建国初期轰轰烈烈的群众爱国卫生运动。

1949 年，黄祯祥在中国首先开始了对乙型脑炎疫苗的研制工作。他在一篇论文中阐述了最初研制乙型脑炎疫苗时的想法："当 1949 年我们开始了对流行性脑炎的研究之后，首先对这种传染病的流行病学问题进行了调查研究，并且用血清学和病毒分离的方法确定了该病的病原是流行性乙型脑炎病毒。这些研究的结果给预防工作指出了方向，为了更好地配合预防工作上的需要，于 1949 年我们开始了疫苗制造试验。"这是中国开展乙型脑炎疫苗研究文献中最早的记录。在这以后的几十年中，乙型脑炎疫苗的研制工作一直在进行着，最初从研究死疫苗开始，继而发展到利用组织培养技术进行乙型脑炎减毒活疫苗研究。这些研究成果无一不渗透着黄祯祥的心血。乙型脑炎疫苗的研制这一成果获得了 1978 年全国科学大会奖。

众所周知，医学研究的成果，绝不是靠某一个人独自奋斗所能取得的，必须要有长时期的，有时甚至几代人的共同努力才能取得。中国对乙型脑炎的研究从 1949 年开始，经过整整 40 年的工作，终于被社会所承认。1989 年这项成果获得了卫生部科技进步一等奖。颁奖时，虽然黄祯祥已不在人世，甚至获奖者的名单中也没有他的名字，但是人们不会忘记黄祯祥在中国乙型脑炎研究中开拓者的地位和他在取得这项成果中的重大作用。

◎ 在病毒免疫方面的贡献

1954 年，世界上分离麻疹病毒获得成功。用组织培养技术研制麻疹疫苗就成为世界病毒学界探讨的重要课题。1961 年，黄祯祥以极大的热情和充沛的精力投入到麻疹疫苗的研究工作中。他和著名儿科专家诸福棠教授合作，对麻疹病毒的致病性、免疫性进行了深入研究。他们的合作推动了当时中国麻疹病毒的研究工作。此后，黄祯祥和他领导的麻疹病毒研究室对麻疹病毒血凝素、麻疹疫苗的佐剂、疫苗的生产工艺等进行了广泛的研究。《福尔马林处理的麻疹疫苗》是他这一时期发表的重要论文。这篇论文曾在第四届国际病毒大会上宣读，得到与会者的好评。

1980 年以后，黄祯祥致力于病毒免疫的研究，先后发表了《被动免疫对活病毒自动免疫的影响》等论文。在病毒免疫治疗肿瘤的研究方面，他指导研究生进行了探索性的工作，先后发表了《不同病毒两次治疗腹水瘤小鼠的初步研究》《病毒与环磷酰胺联合治疗小鼠瘤的研究》《肿瘤抗巨噬细胞移动作用的研究》等多篇论文。这些研究成果无疑对寻找抗肿瘤治疗方法提供了有思考价值的线索和依据。黄祯祥提出的病毒免疫治疗肿瘤的新设想，将是肿瘤治疗研究中有待开发的一块具有广阔前景的领域。

由于黄祯祥在医学病毒学研究中的重要贡献，1981 年他当选为中国科学院生物学部委员，被任命为中国预防医学科学院病毒学研究所名誉所长。他还担任了中国微生物学会常务理事、中华医学会微生物学和免疫学会常务理事、中华医学会病毒学会主任委员。

黄祯祥逝世后，为了纪念他在医学病毒学研究中取得的成绩，他在海内外的同事、亲友共同发起成立了黄祯祥医学病毒基金会，以黄祯祥的名义颁发奖学金，以奖励在医学病毒学研究中做出贡献的新人。

中华医学会病毒学会、中国预防医学科学院病毒学研究所共同主编、出版了《黄祯祥论文选集》，以纪念他在病毒学研究中的突出贡献。

▶ 弗莱明与青霉素

亚历山大·弗莱明（1881～1955），英国细菌学家。是他首先发现青霉素。后英国病理学家弗劳雷、德国生物化学家钱恩进一步研究改进，并成功的用于医治人的疾病，三人共获诺贝尔生理或医学奖。青霉素的发现，是人类找到了一种具有强大杀菌作用的药物，结束了传染病几乎无法治疗的时代。从此出现了寻找抗菌素新药的高潮，人类进入了合成新药的新时代。

弗莱明出生在苏格兰的亚尔郡，他的父亲是个勤俭诚实的农夫，生了 8 个孩子，弗莱明是最小的一个。由于家道中落，他不能完成高等教育，16 岁便要出来谋生；在 20 岁那年，弗莱明继承了姑母的一笔遗产，才可以继续学业。他于医学院毕业之后，便一直从事医学研究工作。

1928 年，弗莱明在伦敦大学讲解细菌学，无意中发现霉菌有杀菌作用，这种霉菌在显微镜下看来像刷子，所以弗莱明便叫它为"盘尼西林"。

从这时开始，弗莱明便对盘尼西林进行系统的研究，到了 1938 年，盘尼西林才正式在病人身上使用。在第二次世界大战期间，盘尼西林救活了无数人的生命。

弗莱明是一个脚踏实地的人。他不尚空谈，只知默默无言地工作。起初人们并不重视他。他在伦敦圣玛丽医院实验室工作时，那里许多人当面叫他小弗莱，背后则嘲笑他，给他起了一个外号叫"苏格兰老古董"。

趣味点击　盘尼西林

青霉素又被称为盘尼西林、配尼西林、青霉素钠、苄青霉素钠、青霉素钾、苄青霉素钾。青霉素是抗菌素的一种，是指从青霉菌培养液中提制的分子含有青霉烷、能破坏细菌的细胞壁并在细菌细胞的繁殖期起杀菌作用的一类抗生素，是第一种能够治疗人类疾病的抗生素。青霉素类抗生素是 β - 内酰胺类中一大类抗生素的总称。

有一天，实验室主任赖特爵士主持例行的业务讨论会。一些实验工作人员口若悬河，哗众取宠，唯独小弗莱一直沉默不语。赖特爵士转过头来问道："小弗莱，你有什么看法？"

"做。"小弗莱只说了一个字。他的意思是说，与其这样不着边际地夸夸其谈，不如立即恢复实验。

到了下午 5 点钟，赖特爵士又问他："小弗莱，你现在有什么意见要发表吗？"

"茶。"原来，喝茶的时间到了。

这一天，小弗莱在实验室里就只说了这两个字。

弗莱明像往日那样细心地观察培养葡萄球细菌的玻璃罐。

"唉，罐里又跑进去绿色的霉！"弗莱明皱了眉头。

"奇怪，绿色霉的周围，怎么没有葡萄球细菌呢？难道它能阻止细菌的生长和繁殖？"细心的弗莱明不放过一个可疑的现象，苦苦地思索下去。

他进行了一番研究，证明这种绿色霉是杀菌的有效物质。他给这种物质起了个名字——青霉素。有了这个发现，人类又从死神的手里夺回许多生命。

◆ "伤寒玛丽"

"伤寒玛丽"本名叫玛丽·梅伦，1869 年生于爱尔兰，15 岁时移民美国。起初她给人当女佣。后来，她发现自己很有烹调才能，于是转行当厨师，拿到比做女佣高出很多的薪水。玛丽对自己的处境非常满意。

1906 年夏天，纽约的银行家华伦带着全家去长岛消夏，雇玛丽做厨师。8 月底，华伦的一个女儿最先感染了伤寒。接着，华伦夫人、两个女佣、园丁和另一个女儿相继感染。他们消夏的房子住了 11 个人，有 6 个人患病。

房主深为焦虑，他想方设法找到了有处理伤寒疫情经验的工程专家索柏。索柏将目标锁定在玛丽身上。他详细调查了玛丽此前 7 年的工作经历，发现 7 年中玛丽换过 7 个工作地点，而每个工作地点都暴发过伤寒病，累计共有 22 个病例，其中 1 例死亡。

索柏设法得到玛丽的血液、粪便样本，以验证自己的推断。但这非常棘手，索柏对此有过精彩的描述：他找到玛丽，"尽量使用外交语言，但玛丽很快就作出了反应。她抓起一把大叉子，朝我直戳过来。我飞快地跑过又长又窄的大厅，从铁门里逃了出去"。

玛丽当时反应激烈，因为在她那个年代，"健康带菌者"还是一个闻所未闻的概念，她自己身体棒棒的，说她把伤寒传染给了别人，简直就是对她的侮辱。

后来，索柏试图通过地方卫生官员说服玛丽，没想到，这更惹恼了这个倔脾气的爱尔兰裔女人，她将他们骂出门外，说他们是"不受欢迎的人"。

最后，当地的卫生官员带着一辆救护车和5人找上门。这一次，玛丽又动用了大叉子。在众人躲闪之际，玛丽突然跑了。后来在壁橱里找到了她，把她抬进救护车送往医院。一路上的情景就像"笼子里关了头愤怒的狮子"。

医院检验结果证实了索柏的怀疑。玛丽被送入纽约附近一个名为"北边兄弟"的小岛上的传染病房。

但玛丽始终不相信医院的结论。2年后她向卫生部门提起诉状。1909年6月，《纽约美国人报》刊出一篇有关玛丽的长篇报道，文章十分煽情，卫生部门被指控侵犯。

1910年2月，当地卫生部门与玛丽达成和解，解除对她的隔离，条件是玛丽同意不再做厨师。

这一段公案就此了结。1915年，玛丽已经被解除隔离5年，大家差不多都把她忘了。这时，纽约一家妇产医院暴发了伤寒病，25人被感染，2人死亡。卫生部门很快在这家医院的厨房里找到了玛丽，她已经改名为"布朗夫人"。

据说玛丽因为认定自己不是传染源才重新去做厨师的，毕竟做厨师挣的钱要多得多。但无论如何，公众对玛丽的同情心这次却消失了。玛丽自觉理亏，老老实实地回到了小岛上。医生对隔离中的玛丽使用

拓展阅读

中风

中风也叫脑卒中。分为两种类型：缺血性脑卒中和出血性脑卒中。中风是中医学对急性脑血管疾病的统称。它是以猝然昏倒，不省人事，伴发口角歪斜、语言不利而出现半身不遂为主要症状的一类疾病。由于本病发病率高、死亡率高、致残率高、复发率高以及并发症多的特点，所以医学界把它同冠心病、癌症并列为威胁人类健康的三大疾病之一。预防中风的重要性已经引起国内外医学界的重视，医学家们正从各个方面探索中风的预防措施。

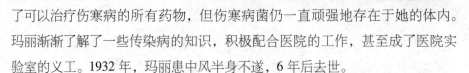

了可以治疗伤寒病的所有药物，但伤寒病菌仍一直顽强地存在于她的体内。玛丽渐渐了解了一些传染病的知识，积极配合医院的工作，甚至成了医院实验室的义工。1932 年，玛丽患中风半身不遂，6 年后去世。

玛丽的遭遇曾经引起一场有关公众健康权利的大争论，加上玛丽本人富有戏剧色彩的反抗，使这场争论更加引人注目。争论的结果是，大多数人认为应该首先保障公众的健康权利。美国总统因此被授权可以在必要的情况下宣布对某个传染病疫区进行隔离，这一权力至今有效。

玛丽·梅伦以"伤寒玛丽"的绰号名留美国医学史。今天，美国人有时会以开玩笑的口吻称患上传染病的朋友为"伤寒玛丽"。